国家出版基金资助项目

湖北省学术著作出版专项资金资助项目

数字制造科学与技术前沿研究丛书

空间多环耦合机构数字化构型综合

曹文熬　丁华锋　著

武汉理工大学出版社
·武　汉·

内 容 提 要

本书建立了空间并联机构的全周自由度数字化自动分析原理，研究了分支的数字化构型综合并建立了分支数据库，研究了九种少自由度空间并联机构的数字化构型综合，提出了并联机械装备新机型，研究了两层两环空间机构的自由度分析原理及数字化实现、两层两环空间机构的构型综合原理及数字化实现，以期建立空间多环耦合机构的数字化构型综合理论，建立空间多环耦合机构的构型数据库，发明具有应用前景的新机型。

图书在版编目(CIP)数据

空间多环耦合机构数字化构型综合/曹文熬，丁华锋著. —武汉：武汉理工大学出版社，2019.9

ISBN 978-7-5629-6100-0

Ⅰ.①空…　Ⅱ.①曹…　②丁…　Ⅲ.①空间并联机构-数据库-研究　Ⅳ.①TH112.1

中国版本图书馆 CIP 数据核字(2019)第 163510 号

项目负责人:田　高　王兆国　　**责任编辑**:李兰英

责任校对:张明华　　**封面设计**:兴和设计

出版发行:武汉理工大学出版社(武汉市洪山区珞狮路 122 号　邮编:430070)

http://www.wutp.com.cn

经 销 者:各地新华书店

印 刷 者:武汉中远印务有限公司

开　　本:787mm×1092mm　1/16

印　　张:10

字　　数:179 千字

版　　次:2019 年 9 月第 1 版

印　　次:2019 年 9 月第 1 次印刷

印　　数:1500 册

定　　价:78.00 元

凡购本书，如有缺页、倒页、脱页等印装质量问题，请向出版社发行部调换。

本社购书热线电话:027-87515778　87515848　87785758　87165708(传真)

数字制造科学与技术前沿研究丛书
编审委员会

总　　序

当前，中国制造2025和德国工业4.0以信息技术与制造技术深度融合为核心，以数字化、网络化、智能化为主线，将互联网+与先进制造业结合，正在兴起全球新一轮数字化制造的浪潮。发达国家特别是美、德、英、日等先进制造技术领先的国家，面对近年来制造业竞争力的下降，最近大力倡导“再工业化、再制造化”战略，明确提出智能机器人、人工智能、3D打印、数字孪生是实现数字化制造的关键技术，并希望通过这几大数字化制造技术的突破，打造数字化设计与制造的高地，巩固和提升制造业的主导权。近年来，随着我国制造业信息化的推广和深入，数字车间、数字企业和数字化服务等数字技术已成为企业技术进步的重要标志，同时也是提高企业核心竞争力的重要手段。由此可见，在知识经济时代的今天，随着第三次工业革命的深入开展，数字化制造作为新的制造技术和制造模式，同时作为第三次工业革命的一个重要标志性内容，已成为推动21世纪制造业向前发展的强大动力，数字化制造的相关技术已逐步融入到制造产品的全生命周期，成为制造业产品全生命周期中不可缺少的驱动因素。

数字制造科学与技术是以数字制造系统的基本理论和关键技术为主要研究内容，以信息科学和系统工程科学的方法论为主要研究方法，以制造系统的优化运行为主要研究目标的一门科学。它是一门新兴的交叉学科，是在数字科学与技术、网络信息技术及其他(如自动化技术、新材料科学、管理科学和系统科学等)与制造科学与技术不断融合、发展和广泛交叉应用的基础上诞生的，也是制造企业、制造系统和制造过程不断实现数字化的必然结果。其研究内容涉及产品需求、产品设计与仿真、产品生产过程优化、产品生产装备的运行控制、产品质量管理、产品销售与维护、产品全生命周期的信息化与服务化等各个环节的数字化分析、设计与规划、运行与管理，以及整个产品全生命周期所依托的运行环境数字化实现。数字化制造的研究已经从一种技术性研究演变成为包含基础理论和系统技术的系统科学研究。

作为一门新兴学科，其科学问题与关键技术包括：制造产品的数字化描述与创新设计，加工对象的物体形位空间和旋量空间的数字表示，几何计算和几何推理、加工过程多物理场的交互作用规律及其数字表示，几何约束、物理约束和产品性能约束的相容性及混合约束问题求解，制造系统中的模糊信息、不确定信息、不完整信息以及经验与技能的形式化和数字化表示，异构制造环境下的信息融合、信息集成和信息共享，制造装备与过程的数字化智能控制、制造能力与制造全生命周期的服务优化等。本系列丛书试图从数字制造的基本理论和关键技术、数字制造计算几何学、数字制造信息学、数字制造机械动力学、数字制造可靠性基础、数字制造智能控制理论、数字制造误差理论与数据处理、数字制造资源智能管控等多个视角构成数字制造科学的完整学科体系。在此基础上，根据数字化制造技术的特点，从不同的角度介绍数字化制造的广泛应用和学术成果，包括产品数字化协同设计、机械系统数字化建模与分析、机械装置数字监测与诊断、动力学建模与应用、基于数字样机的维修技术与方法、磁悬浮转子机电耦合动力学、汽车信息物理融合系统、动力学与振动的数值模拟、压电换能器设计原理、复杂多环耦合机构构型综合及应用、大数据时代的产品智能配置理论与方法等。

围绕上述内容，以丁汉院士为代表的一批我国制造领域的教授、专家为此系列丛书的初步形成，提供了他们宝贵的经验和知识，付出了他们辛勤的劳动成果，在此谨表示最衷心的感谢！

《数字制造科学与技术前沿研究丛书》的出版得到了湖北省学术著作出版专项资金项目的资助。对于该丛书，经与闻邦椿、徐滨士、熊有伦、赵淳生、高金吉、郭东明和雷源忠等我国制造领域资深专家及编委会讨论，拟将其分为基础篇、技术篇和应用篇3个部分。上述专家和编委会成员对该系列丛书提出了许多宝贵意见，在此一并表示由衷的感谢！

数字制造科学与技术是一个内涵十分丰富、内容非常广泛的领域，而且还在不断地深化和发展之中，因此本丛书对数字制造科学的阐述只是一个初步的探索。可以预见，随着数字制造理论和方法的不断充实和发展，尤其是随着数字制造科学与技术在制造企业的广泛推广和应用，本系列丛书的内容将会得到不断的充实和完善。

《数字制造科学与技术前沿研究丛书》编审委员会

前　　言

构型创新是机械装备的原始创新，构型综合是构型创新的有效手段。随着计算机技术的发展，将先进的计算机技术与机构学理论融合，建立数字化的机构学理论，进而实现机构概念创新设计的自动化、可视化、网络化和智能化是机构学研究的新趋势。构型综合的数字化是机构概念创新设计自动化的前提。平面机构的数字化构型综合已经取得了重要进展，而空间机构的数字化构型综合还处于初始阶段。

本书拟提出空间多环耦合机构的数字化构型综合理论，建立空间多环耦合机构的构型数据库。本书的工作为空间机构数字化性能分析、概念创新设计的自动化奠定了基础。本书主要包含如下内容：

（1）建立了空间并联机构的全周自由度数字化自动分析原理。首先提出了空间并联机构构型的新描述方法，之后建立分支运动螺旋系和约束螺旋系的自动求解原理，进一步提出了自动求解过约束及自动判别瞬时性方法，最后开发了人机交互的软件平台。

（2）研究了分支的数字化构型综合并建立了分支数据库。基于螺旋理论，分别证明了五自由度、四自由度和三自由度分支提供约束力或约束力偶的几何限定条件。对这三种自由度分支进行数字化综合，分别建立了三种自由度分支的构型数据库。

（3）研究了九种少自由度空间并联机构的数字化构型综合。首先，建立了空间并联机构的数字化构型综合原理。其次，推导了各种自由度空间并联机构的可行约束模式。进一步研究了在给定可行约束模式下的构型综合。最终建立九种少自由度并联机构的构型数据库并开发了相应的人机交互的软件显示界面。

（4）提出并联机械装备新机型。基于建立的并联机构构型数据库，分别提出了三自由度、四自由度和五自由度并联机械装备新机型，进一步分析了新机型特点。

（5）研究了两层两环空间机构的自由度分析原理、构型综合原理及数字化实现。首先建立了两层两环空间机构运动螺旋方程的一般形式，提出了这类机构中的刚性子结构判别方法，并研究了这类机构的自由度数字化分析方法；其次基于自由度分析的原理，提出了这类机构的构型综合方法，对十四种少自由度两层两环空间机构分别进行了构型综合，并研究了这类机构的数字化构型综合。

作者

2018 年 12 月

目　录

1 绪　论

1.1 机构构型数字化综合概述

机构是由两个或两个以上的构件通过活动连接以实现确定运动的构件组合。机构是机械装备的“骨架”，是用来传递运动或力的装置。构型综合也被称为结构综合或拓扑结构综合，主要研究机构的运动副数、构件数以及构件与运动副之间的连接关系[1]。

18 世纪的第一次工业革命以后，蒸汽机和纺织机的工业应用促进了机器的飞跃发展，促使人们不断地发明新机构以满足生产和生活的需要[2]。早期的机构发明主要依赖人的经验和直觉，直到 20 世纪 60 年代之后，一些系统的构型综合方法才不断被提出[3]。

后来先进的计算机技术与机构构型综合理论融合在了一起，形成了数字化机构构型综合理论，进而实现构型综合的计算机化、自动化、可视化，引起了许多学者的兴趣。

数字化的构型综合可以追溯到 1963 年，Dobrjanskyj 和 Freudenstein[4] 以图论为基础开始研究平面机构的自动构型综合。Woo[5] 用计算程序系统地综合了 10 杆 1 自由度的平面机构。Thompson 等[6] 开发了平面机构构型的计算机辅助设计专家系统。Olson 等[7]，Belfiore 和 Pennestri[8] 研究了自动绘制无交叉线平面运动链的计算机程序。Mruthyunjaya 等[9] 也开展了平面机构的数字化构型综合研究。王玉新等[10] 提出了一种机械系统创新设计的计算机化符号生成方法。Hwang 等[11] 研究了平面单铰机构的数字化构型综合。颜鸿森等[12] 研究了多种平面机构，包括连杆、齿轮和凸轮等的计算机化创新设计。Saura 等[13] 提出了一种含低副和高副平面多体系的计算机化构型综合方法。丁华锋等[14-17]系统地研究了平面机构的数字化构型综合理论并建立了多种平面机构的构型图谱库。

利用数字化的构型综合理论，不但容易完成数目庞大的构型综合，而且便于分类与存储综合结果，进而便于高效快捷地进行构型创新设计。到目前为止，平面机构的数字化构型综合已经取得了很大进展，但空间机构的数字化构型综合还处在起步阶段。

1.2 空间多环耦合机构的自由度研究现状

根据结构形式的不同，空间机构可以分为三类：串联机构、并联机构和空间耦合链机构，分别如图 1-1(a)、(b)和(c)所示。其中可以将含三个或三个以上分支的空间并联机构以及空间耦合链机构称为空间多环耦合机构。

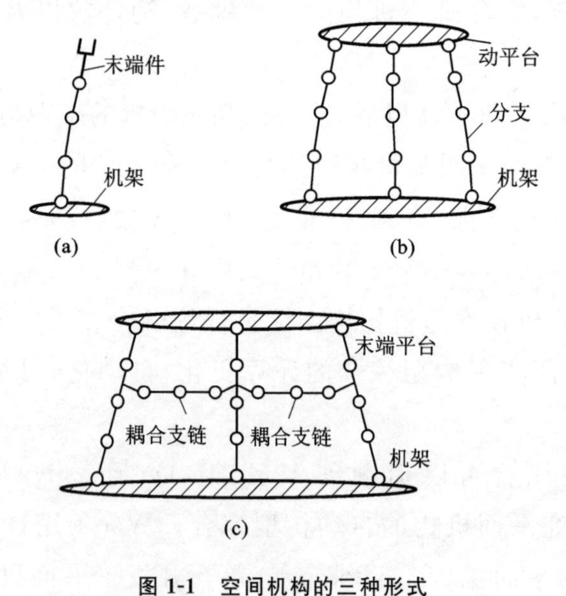

图 1-1 空间机构的三种形式

(a)串联机构；(b)并联机构；(c)空间耦合链机构

1.2.1 空间并联机构的自由度研究现状

自由度分析是机构构型综合要研究的第一个问题。俄国学者 Chebychev[18]

提出了自由度为1的平面机构的活动构件数与运动副数应该满足的公式：

$$3m - 2p = 1 \tag{1-1}$$

式中 m——活动构件数；

p——运动副数。

之后 Sylvester[19]、Somove[20]等相继对自由度开展了研究。在1883年，德国学者 Grübler 提出了自由度不为1的平面机构的自由度公式：

$$M = 3n - 2j - 3 \tag{1-2}$$

式中 n——构件数；

j——运动副数。

在1929年，德国学者 Kutzbach[21]建立了更有一般性的自由度计算公式：

$$M = b(n - j - 1) + \sum_{i=1}^{j} f_i \tag{1-3}$$

式中 b——结构参数（平面机构 $b=3$，空间机构 $b=6$）；

n——构件数；

j——运动副数；

f_i——第 i 个运动副的自由度数。

对于式(1-3)，在 $b=3$ 时，它与式(1-2)相同。通常，人们称式(1-3)为 Grübler-Kutzbach (G-K)公式。在很长的时间，人们应用这个公式来分析平面机构和空间机构的自由度。

然而，随着机构学的发展，出现了许多空间过约束机构不能用 G-K 公式正确分析其自由度的问题，严重制约了机构学的发展。进而，许多学者试图提出具有一般性的改进 G-K 公式。

在20世纪60年代，Voinea 和 Atanasiu[22]、Waldron[23]开始以螺旋理论为基础求解机构的自由度。1978年，Hunt[24]基于螺旋理论提出了一个自由度计算公式。1991年，黄真教授[25]用约束螺旋来分析球面四杆机构的自由度，他在1997年将约束螺旋应用于多环路的空间并联机构[26]，之后他对这一问题继续深入研究，提出了修正的 G-K 公式[27,28]。

$$\begin{cases} M = 6(n - g - 1) + \sum_{i=1}^{g} f_i + \mu \\ M = d(n - g - 1) + \sum_{i=1}^{g} f_i + \nu \end{cases} \tag{1-4}$$

式中　d——机构的阶，$d=6-\lambda$（λ 为公共约束数）；

n——构件数；

g——运动副数；

f_i——第 i 个运动副的自由度数；

μ——过约束数；

ν——虚约束数。

Kong 和 Gosselin[29]提出了以约束螺旋为基础的“虚链”概念来分析并联机构的自由度。其他的一些学者[30, 31]也研究了约束螺旋分析空间机构的自由度。

Herve[32]、Fanghella 和 Galletti[33]、Rico 等[34]提出了基于位移群论的自由度分析方法。杨廷力教授等[35]提出了方位特征集的概念来分析自由度。Gogu[36, 37]提出了一个基于线性变换的自由度分析方法。

Gogu[38]在 2005 年对各种主要改进的 G-K 公式的优缺点做了详细的对比，并指出了许多古典机构和现代并联机构很难用改进 G-K 公式分析它们自由度的问题，被学界称为“Gogu 问题”。后来，黄真教授和他的学生对“Gogu 问题”进行了深入的研究[39-41]，论证了他提出的公式能正确分析现代并联机构和古典机构的自由度。

从 20 世纪末开始，人们对空间机构的自由度分析已不再仅仅只针对计算机构的自由度，还包含末端杆自由度的计算和末端杆自由度性质分析[40]。

然而，空间并联机构的自由度分析面临新的问题。现有的文献主要呈现的是基于手工去完成自由度分析过程。在面对成千上万的机构需要分析自由度时（数字化构型综合中会产生这一问题），这种手工的方法很难完成任务。另外，人们在用改进 G-K 公式分析自由度时，不但要求使用者掌握某些专业的数学理论，如螺旋理论和群论等，而且还需要使用者深刻理解数学理论和物理结构间的对应关系，才能正确分析空间机构的自由度。所以即便有了这些改进的 G-K 公式，对于许多设计人员来说，要正确地分析空间过约束机构的自由度并不容易，特别是分析那些包含复杂几何关系的机构时更是如此。

1.2.2　空间耦合链机构的自由度研究现状

一些空间耦合链机构已经被应用到人们的生活中，如图 1-2(a)所示的变色球、图 1-2(b)所示的魔术花球、图 1-2(c)所示的魔方块等。

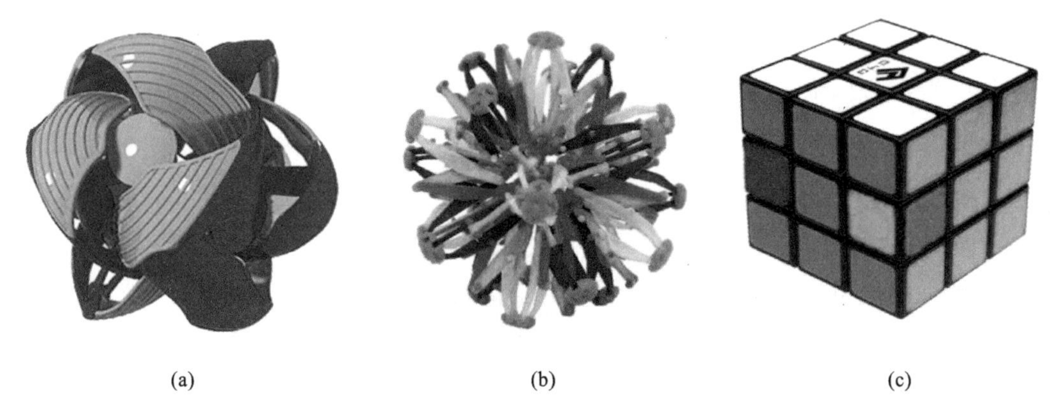

(a) (b) (c)

图 1-2 一些典型的空间耦合链机构

(a)变色球;(b)魔术花球;(c)魔方块

空间耦合链机构比空间并联机构包含了更加复杂的耦合关系,涉及这类机构自由度分析的文献很少。黄真教授等[40]用约束螺旋法分析了变色球机构和魔方机构的自由度。Wei 等[42]用环路螺旋方程分析了变色球机构的自由度。戴建生等[43]基于结构分解和等效螺旋系分析了魔术花球机构的自由度。Zoppi 等[44]采用添加附加约束的方式分析了两个空间耦合链机构的自由度。

现有的文献呈现了少数特殊空间耦合链机构的自由度分析,相关的方法是在约束螺旋法的基础上增加一些等效处理。实际上,耦合支链与空间并联机构的分支不同,它提供的约束和运动是直接作用于其他支链而不是末端平台,导致分析并联机构自由度的经典方法,如约束螺旋法和位移群论法不能直接应用于这类机构的自由度分析。到目前为止,耦合支链带来的耦合关系的数学模型尚未被建立,分析空间耦合链机构自由度的方法尚不完善。

1.2.3 空间多环耦合机构自由度数字化分析要解决的问题

从现有的分析空间并联机构自由度的方法来看,基于约束螺旋的方法主要涉及线性运算[40],能用计算机程序来实现自由度分析过程的可行性较大。但是,现有的约束螺旋法很难直接用计算机程序实现,有三个问题需要解决:

首先,自动求解分支运动螺旋系。现有的方法是基于人的观察来确定每个螺旋的轴线相对于参考坐标系的方向矢量和位置矢量,这个过程难以用计算机程序来实现。

其次，自动求解过约束数目。过约束求解过程中涉及约束螺旋之间的相关性判断以及约束力和约束力偶之间的等效转化。现有的方法是用几何关系[40]来判别，适用于手工处理，但用计算机程序很难实现。

再次，自动判别自由度瞬时性。黄真教授等[40]提出的瞬时性判别方法是假定动平台发生与某个自由度性质对应的微小运动后，重新分析自由度，接着与原有的自由度对比，如果不一样，那么这个自由度是瞬时的。反之，是全周的。然后继续逐个判断其他自由度。Kong 等[45]利用等效运动链来判别自由度的瞬时性。现有的瞬时性判别方法适用于手工操作，但很难用计算机程序实现。

对于空间耦合链机构，到现在为止，自由度分析的手工方法尚未完善，要实现数字化的自由度自动分析面临的困难更大：

首先，缺乏适用于计算机程序实现的一般性方法来处理耦合支链提供的约束或运动对机构自由度带来的影响。耦合支链的约束和运动直接作用于其他支链，分析它对自由度的影响不能直接使用现有的约束螺旋法或位移群论法。

其次，缺乏适用于计算机程序实现的一般性方法来判别含耦合分支链的空间机构中的刚性子结构。在这种复杂的闭环机构中，由于串联支链间相互约束，很可能产生刚性的子结构，一般地，这种子结构是设计不合理的结构，需要被判别出来删除掉。但现有的文献尚未涉及对这个问题的研究。

1.3 空间并联机构的构型综合发展现状

空间机构的构型综合是指根据期望输出的自由度性质，寻求满足这一自由度性质的具体运动结构，包括确定运动副类型与数目，运动副轴线之间的几何关系、分支的数目、分支在平台上的装配关系等。在空间多环耦合机构中，运动副轴线之间的几何关系错综复杂，以致对其进行构型综合变得非常困难。

1.3.1 空间并联机构构型综合研究现状

到目前为止，一些并联机构已经在工业生产中成功应用，空间并联机构的构型综合已经取得了极大进展，多种构型综合方法已经被提出。

1.3.1.1 工业应用中的典型并联机构

1942 年，Pollard 等[46]发明了用于汽车喷漆的并联装置，开启了并联机构的工业应用。1947 年,Gough 等[47]设计了一种如图 1-3 所示的六自由度并联装置来检测轮胎存在的问题。1965 年,Stewart[48]对 Gough 设计的机构进行了深入的研究,以该机构为基础,设计了一种运动模拟器,后来人们普遍称这个机构为 Stewart 机构,这也是最为人们熟知的并联机构。此后,并联机构引起了越来越多学者的关注,许多新的构型不断涌现。Hunt[49]在 1983 年提出了著名的 3-RPS(R—转动副,P—移动副,S—球副)三自由度并联机构。一个与 3-RPS 构型类似的并联机构 3-PRS 已被德国 DS Technologie 公司成功开发成如图 1-4 所示的机床主轴头[50]。

图 1-3 六自由度轮胎检测装置图

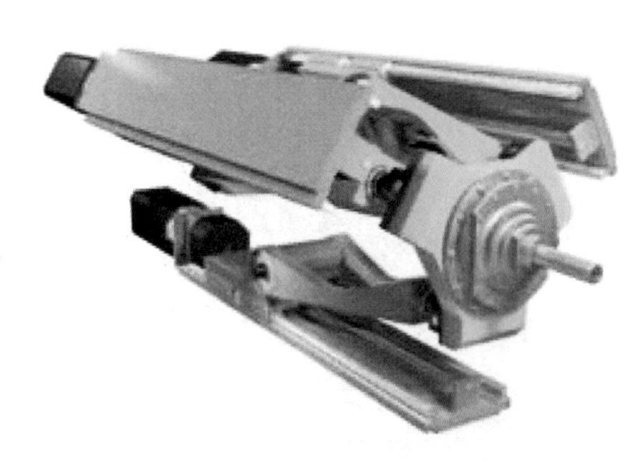
图 1-4 3-PRS 主轴头

1988 年,瑞士学者 Clavel[51]提出了输出三个移动自由度的 Delta 机构,该机构已被 ABB 公司开发成如图 1-5 所示的 Delta 机器人,在医药、电子、食品等行业中有广泛的应用,是少自由度并联机构成功应用的典型代表。1999 年,Pierrot 等[52]提出了输出三移一转的 H4 并联机构,该机构已被 Adept 公司开发成如图 1-6所示的 Quattro 机器人。

1988 年,Neumann[53]发明了 Tricept 串并联机构,该机构由一个两转一移的并联机构和一个二自由度转头构成。Neumann 还成功开发出 Tricept 串并联机床,如图 1-7 所示。2005 年,Neumann[54]又发明了 Exechon 串并联机床,如图 1-8 所示。Tricept 和 Exechon 串并联机床以其优良的性能引起了机构学界和工业界的极大关注。

Gosselin[55]以 3-RRR 三转球面并联机构为基础,成功开发了“灵巧眼”摄像机自动定位装置,如图 1-9 所示。

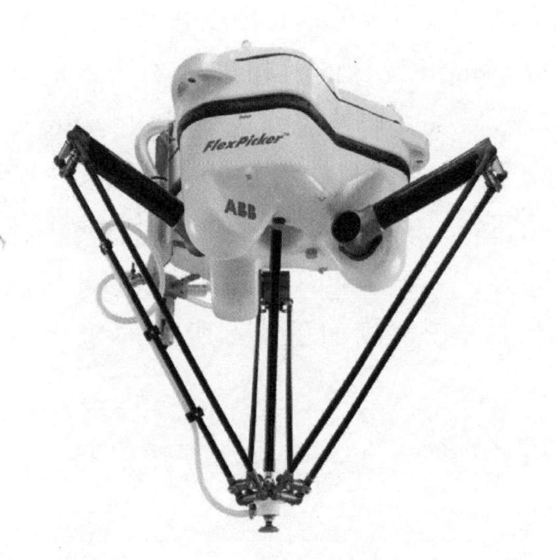

图 1-5　Delta 机器人

图 1-6　Quattro 机器人

图 1-7　Tricept 串并联机床

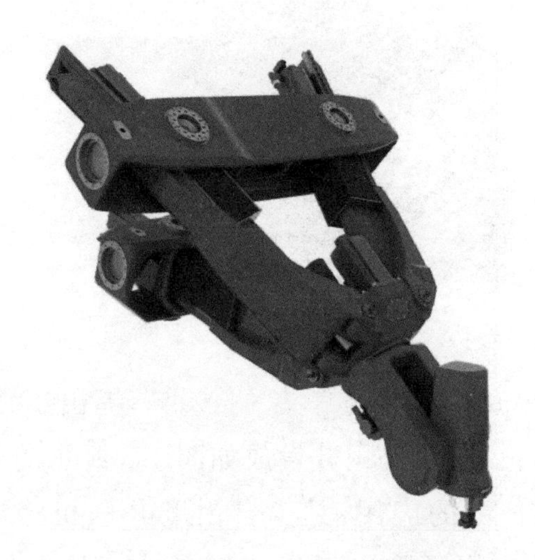

图 1-8　Exechon 串并联机床

在我国，20 世纪 80 年代，以张启先院士[56]、白师贤教授[57]等为代表的学者为我国空间机构的研究奠定了坚实的基础。1991 年燕山大学黄真教授研制了如图 1-10 所示的国内第一台并联机器人试验样机。2000 年前后，并联机床吸引了国内多所大学，如清华大学、天津大学、哈尔滨工业大学和东北大学，以及多家企业的研究[58-61]。燕山大学赵永生等[62]研制了一个五自由度并联机床。高峰等[63]研制了一种含复合分支的五自由度并联机床。

天津大学的黄田教授等[64-66]分别对 Delta 机构和 Tricept 机构进行改进，发明

图 1-9 “灵巧眼”摄像机自动定位装置

图 1-10 国内第一台并联机器人试验样机

了能实现两移抓放的 Diamond 机械手和结构简洁的 Trivariant 串并联机床，分别如图 1-11 和图 1-12 所示。

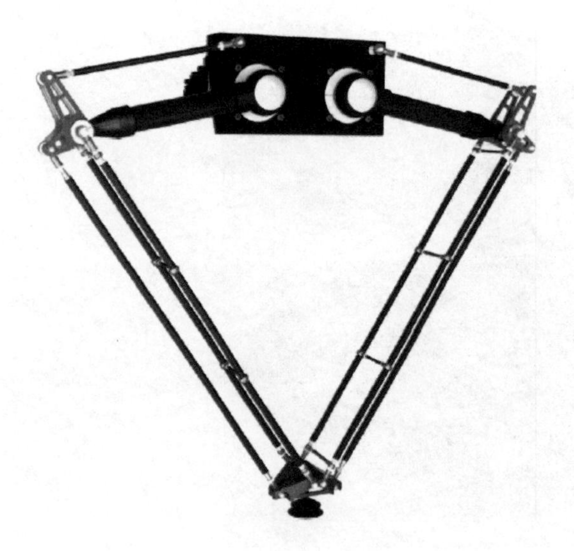

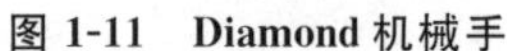

图 1-11 Diamond 机械手

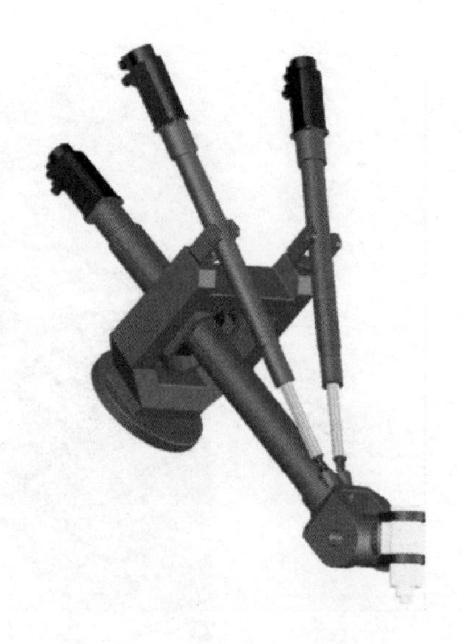

图 1-12 Trivariant 串并联机床

1.3.1.2 空间并联机构的构型综合理论

并联机构的工业应用，促进了人们对构型综合理论的研究，人们希望通过系统综合方法找到尽可能多的性能优良的并联机构，因为六自由度并联机构结构复杂，很多应用中也不需要六个自由度。近几十年，人们研究构型综合的焦点都集中在少于六个自由度的并联机构，即少自由度并联机构。2000 年前后，机构学界掀起了少自由度并联机构构型综合的热潮，形成两种典型的综合思路：

一种是根据机构中约束关系来综合。黄真教授等在 1996 年开始将螺旋理论应用于并联机构的构型综合[67]，在 2000 年综合出首个对称四自由度并联机构4-URU[68]，之后建立了基于螺旋理论的约束综合法[27, 69]，并系统综合出了九种少自由度对称并联机构[70]。Kong 和 Gosselin[29] 以约束螺旋为基础提出了虚拟链的概念来综合并联机构。Fang 和 Tsai[71] 也用约束螺旋法综合了一些并联机构。

另一种是根据机构的运动关系来综合。Herve 等[72-74] 提出了基于位移群论的方法来综合并联机构。Rico 等[75] 也研究了基于位移群论的构型综合方法。由于有的分支不能满足群代数结构，所以基于位移群论的方法的应用范围受到了制约。李秦川等[76]、Meng 等[77] 基于位移流形拓展了位移群论的方法。杨廷力教授等提出了方位特征集的概念，并综合了许多对称和非对称并联机构[78]。高峰等[79] 提出了 G_f 集的概念，并建立了许多运动求交的规则来综合并联机构。

另外，Gogu[80] 提出了一种基于线性变换的综合方法。Alizade 等[81, 82] 利用一个包含机构中结构要素的公式综合了一些并联机构。戴建生等[83]提出了变胞机构的概念，许多学者[84,85]对这类机构的构型进行了综合。

到目前为止，现存的构型综合方法主要是基于手工枚举，难以完成数量综合、形态各异的非对称并联机构的系统综合。另外，手工的综合方法很难建立起人机交互构型数据库，不便于构型设计与优选。

1.3.2 空间耦合链机构构型综合研究现状

空间耦合链机构的构型综合还处于起步阶段，现已用于工业生产和生活用品的机构主要来自设计者的灵感、经验和推理。近年来，一些学者开始了空间耦合链机构的构型综合研究。曾强等[86-88]将通过加入一些人工的逻辑推理到位移群的综合方法中，综合了一些空间耦合链机构。Zoppi 等[44]提出了两个空间含耦合分支机构。Wei 等[89]综合了几个可折叠的多面体机构。

由于空间耦合链机构比空间并联机构包含更加复杂的耦合关系，对其进行系统的构型综合非常困难。适用于空间并联机构的经典构型综合方法，如基于约束螺旋的方法和位移群论的方法不能直接用于这种机构的综合。

1.3.3 空间多环耦合机构数字化构型综合要解决的问题

对于空间并联机构的构型综合而言，基于螺旋理论的约束综合法以线性运算为基础，有用计算机程序来实现的良好基础。但现有的约束综合法适用于手工综合，尚不能直接用计算机程序实现。为实现空间并联机构的数字化构型综合，要解决如下一些主要问题：

首先是分支构型的计算机识别及系统综合。分支是构建并联机构的关键要素，然而分支的运动副之间的几何关系多种多样，很难被系统地枚举，这将导致并联机构的构型很难被系统综合。

其次是并联机构约束模式的系统推导。当给定期望的自由度性质后，动平台受到的独立约束很容易确定，但是动平台可能受到过约束，过约束数目和形式是多样的，导致系统推导动平台所受到的各种约束模式变得困难。

再次是不同分支在平台上装配关系的自动判别。分支在平台上的装配关系变化多端、复杂而抽象，用程序实现装配关系的判别变得非常困难。

对于空间耦合链机构而言，到现在为止，一般性的手工构型综合方法尚未被系统研究，数字化构型综合自由度面临的困难更大。最关键的问题是缺乏适用于计算机程序实现的一般性的方法来处理耦合支链提供的约束或运动对机构的影响。

2 空间并联机构的自由度数字化分析

自由度分析是机构构型综合、运动学和动力学分析的基础。虽然多种自由度分析方法已经被提出，但仍然面临一些新问题。一方面，使用者要正确分析空间并联机构的自由度并不容易。这些方法不但要求使用者掌握一定程度的数学理论，如螺旋理论和群论等，还需要对数学理论和机构中各要素之间对应关系有一定深度的理解。另一方面，现有的自由度分析方法依赖手工去完成。在空间并联机构的数字化结构综合中，成千上万的构型需要进行自由度分析，如此繁重的分析任务用手工的方式很难完成。

实现自由度分析过程的数字化、程序化、自动化是解决这些问题的有效手段。尽管约束螺旋法分析自由度主要涉及线性运算，用计算机程序实现较为容易，但是现有的约束螺旋法很难直接被计算机程序实现，有三个问题需要解决：首先，需要建立自动求解分支运动螺旋系的方法。其次，需要建立能用计算机程序自动求解过约束数目的方法。再次，需要建立能用计算机程序自动判别瞬时性的方法。

2.1 螺旋理论的基本概念

在螺旋理论[24, 28]中，一个单位螺旋 $\boldsymbol{\$}$ 被定义为：

$$\boldsymbol{\$} = (\boldsymbol{S};\boldsymbol{S}_0) = (\boldsymbol{S};\boldsymbol{r}\times\boldsymbol{S}+p\boldsymbol{S}) = (a \quad b \quad c;d \quad e \quad f) \tag{2-1}$$

式中 $\boldsymbol{S}$——螺旋轴线方向的单位矢量；

$\boldsymbol{r}$——螺旋轴线上某点相对于参考坐标系原点的位置矢量；

p——节距。

$(\boldsymbol{S};\boldsymbol{S}_0)$含六个元素，被称为 Plücker 坐标。一个移动副或一个约束力偶的单位螺旋是一个偶量($\boldsymbol{O};\boldsymbol{S}$),这时节距 $p\to\infty$。一个转动副或一个约束力的单位螺旋是一个线矢量 ($\boldsymbol{S};\boldsymbol{r}\times\boldsymbol{S}$),这时节距 $p=0$。在基于螺旋理论的自由度分析中,螺旋的互异性和相关性是两个重要的概念。

2.1.1 螺旋的互异性

对于两个给定的螺旋$\$=(\boldsymbol{S};\boldsymbol{S}_0)$和$\$^r=(\boldsymbol{S}^r;\boldsymbol{S}_0^r)$,它们的互异积被定义为:

$$\$\circ\$^r=\boldsymbol{S}\cdot\boldsymbol{S}_0^r+\boldsymbol{S}_0\cdot\boldsymbol{S}^r \tag{2-2}$$

式中 $\circ$——互异积运算符。

如果 $\$\circ\$^r$ 等于零,$\$$ 表示运动螺旋,$\$^r$ 表示约束螺旋。方程(2-2)也能被表达为:

$$\$\circ\$^r=[\Pi\cdot\$]^{\mathrm{T}}\cdot\$^r=\boldsymbol{O} \tag{2-3}$$

其中,

$$\Pi=\begin{bmatrix}\boldsymbol{O} & \boldsymbol{I}_3\\ \boldsymbol{I}_3 & \boldsymbol{O}\end{bmatrix} \tag{2-4}$$

式中 $\boldsymbol{I}_3$——3×3 单位特征矩阵;

$\boldsymbol{O}$——3×3 零矩阵。

从几何的角度来看,满足互异积为零的线矢量或偶量间的关系可以表达为[28]:当且仅当转动副螺旋与约束力螺旋是共面(平行或相交)时,它们的互异积为零;当且仅当转动副动螺旋与约束力偶螺旋是垂直时,它们的互异积为零;当且仅当移动副螺旋与约束力螺旋是垂直时,它们的互异积为零;对于任意的移动副螺旋与约束力偶螺旋,它们的互异积都为零。

2.1.2 螺旋的相关性

螺旋的相关性能通过初等行变换的方式来判定。然而这个过程不便于用手工实现。从几何角度可以得到更简洁的手工判断方法[28],如表 2-1 所示。

表 2-1　不同几何条件下线矢量或偶量的相关性

	共轴	共面平行	平面汇交	空间平行	共面	空间汇交	空间任意
示意图							
独立的线矢量数	1	2	2	3	3	3	6
独立的偶量数	1	1	2	1	2	3	3

2.2 构型描述

建立便于计算机程序识别的构型描述旨在实现一个字符串表达一个机构中涉及自由度分析所需的必要信息，这是自由度数字化分析的基础。一个并联机构由一个机架（静平台）、一个动平台以及连接这两个平台的几个分支构成，如图 2-1 所示。相应地，并联机构描述由分支描述和平台描述构成。

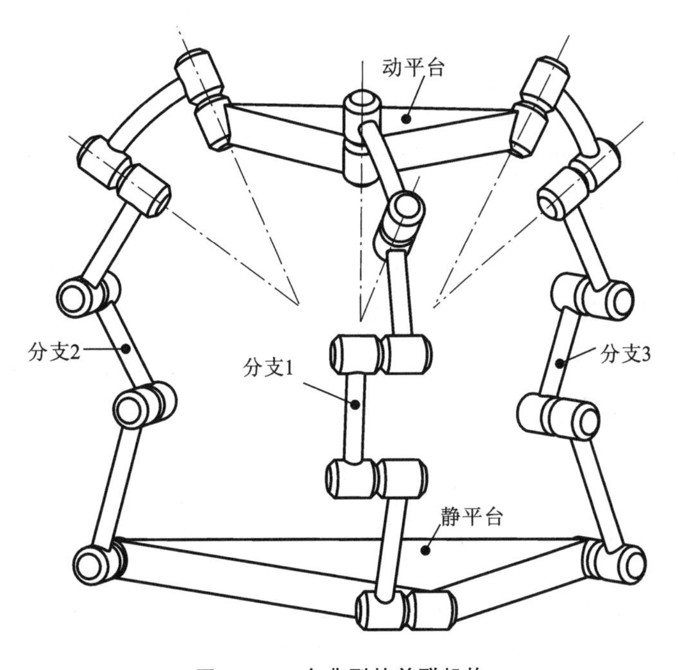

图 2-1　一个典型的并联机构

2.2.1　分支的描述

2.2.1.1　运动副的类型描述

机构中常见的单自由度运动副为转动副、移动副，它们分别用字母 R 和 P 描述。多自由度球副、万向铰和圆柱副分别用 S、U 和 C 描述。这些复合副能被看作是单自由度运动副的组合。一般地，将分支看作只含单自由度运动副构成，并将单自由度运动副从静平台到动平台依次编号为 1，2，…，t。

2.2.1.2　相邻轴线之间的几何关系

两相邻轴线之间的几何关系包含表 2-2 中的 6 种形式，与两条直线之间的 6 种几何关系对应。两相邻轴线之间的几何关系的特点是在有限连续运动中保持不变。

表 2-2　相邻轴线几何关系的描述

相邻运动副			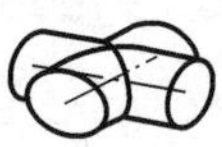	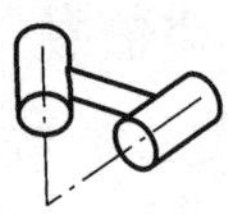		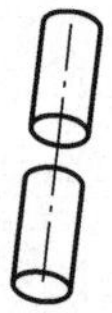
几何关系	平行（/）	垂直（⊥）	正交（+）	相交（∧）	异面（!）	共线（|）
描述	R/R	R⊥R	R+R	R∧R	R!R	R|R

2.2.1.3　子链的描述

产生平面运动的三个转动副或移动副构成一个三自由度平面子链，在这个子链中所有的转动副平行，所有的移动副与转动副垂直。三自由度平面子链中的两个运动副就构成一个二自由度平面子链。平面子链运动平面的法线称为这个子链的法线。不同形式的平面子链描述如表 2-3 所示。

表 2-3　平面子链的描述

类型	RRR	PRP	PPR	RPP	RPR	PRR	RRP	PP	PR
描述	R/R/R	P+R◇P	P+P◇R	R+P◇P	R+P◇R	P+R◇R	R/R◇P	P△P	P△R

三个汇交转动副构成一个三自由度球面子链，两个相交转动副构成一个二自

由度球面子链。球副和万向铰可以分别被看作三自由度球面子链和二自由度球面子链。不同形式的球面子链的描述如表 2-4 所示。

表 2-4　球面子链的描述

类型	RRR	RRR	RR	RR
描述	R∧R*R	R+R*R	R∧R	R+R

与相邻轴线之间的关系一样，子链内部的运动副轴线之间的几何关系在有限连续运动中不改变。

2.2.1.4　不相邻轴线之间的几何关系

由于分支中不相邻运动副轴线之间的平行、垂直或相交（汇交）关系可能影响螺旋的互异性和相关性，进而可能影响自由度。因此，它们需要被描述。可以将它们分为两大类：

第一类不相邻几何关系是指由分支自身结构决定的在有限运动中保持不变的不相邻轴线之间的平行、垂直和相交（汇交）关系。如图 2-2(a)所示的副 1 和副 3 的垂直关系和图 2-2(b)所示的副 1 和副 5 之间的相交关系。

第二类不相邻几何关系是指分支中在某个特殊位形才存在的不相邻轴线之间的平行、垂直和相交（汇交）关系。从分支自身的结构上看这样的关系在发生有限运动时会改变。但是在机构中，由于不同分支之间相互约束，这样的关系有可能保持不变。也就是说，仅仅从机构的构型上不能确定这些关系在有限运动中变或者不变，因此称第二类不相邻几何关系为未定几何关系。需要在自由度分析完成之后，才能确定未定几何关系在有限连续运动中改变与否。例如，图 2-2(c)所示的分支中副 4 与副 1 和副 2 的汇交关系在某个特殊位形才发生。就分支自身而言，发生连续运动，这个汇交关系就可能不存在。但将该分支安装到图 2-2(d)所示的并联机构中，进行自由度分析后，可以证明这个汇交关系在连续运动中保持不变。

2.2.1.5　分支的描述字符串生成

首先，根据下面的顺序生成一个描述字符串：第一个副轴线与静平台的关系，第一个副的类型，第二个副轴线与第一个副轴线的关系，第二个副的类型，依次下去，一直到最后一个副轴线与动平台的关系。其中，与平台相连的运动副与平台的关系可以是平行(/)、正交(+)和相交(∧)。

其次，核查分支中的子链。如果分支的几个运动副构成子链，那么字符串中

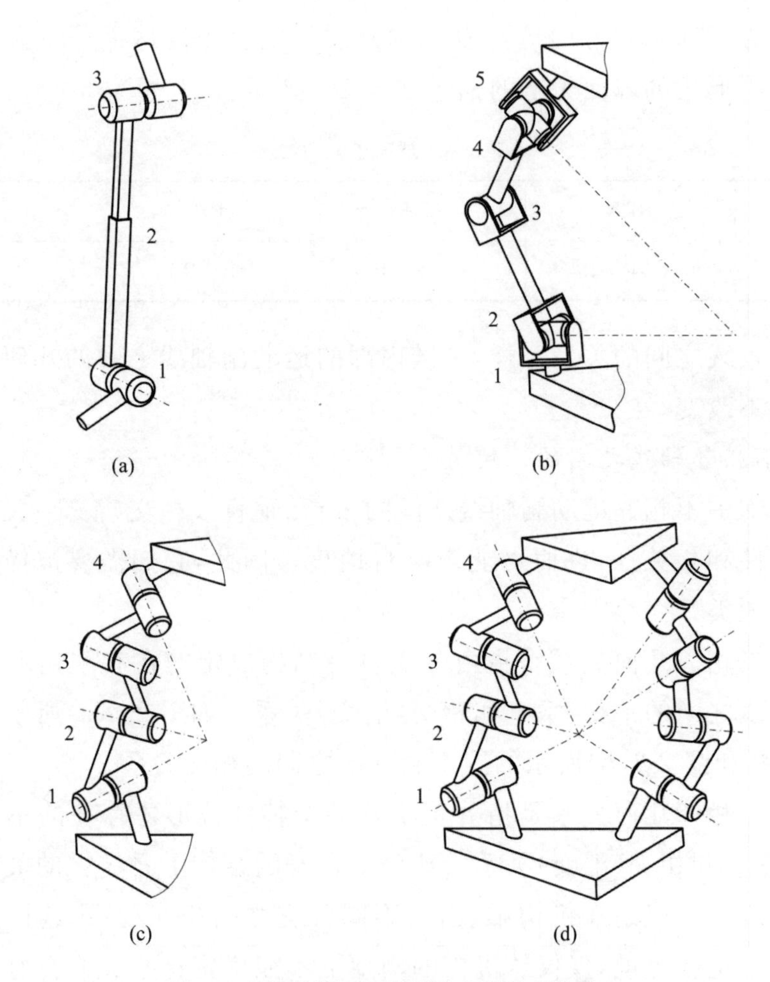

图 2-2　不相邻运动副轴线之间的几何关系

(a)垂直关系；(b)相交关系；(c)分支中的相交关系；(d)机构中的相交关系

相应的部分采用子链的描述。图 2-3(a)所示的分支的描述是"/R＋P◇R⊥R/R/"。

再次，核查不相邻轴线几何关系。如果一个副与之前的某个副含有要描述的不相邻几何关系，用小括号(未定几何关系则用中括号)把前面那个运动副序号和不相邻几何关系括起来添加到此运动副类型描述之后。图 2-2(b)所示的分支的描述是"/R＋R/R/R＋R(1∧)∧"。

最后，核查以 P 副开始或以 P 副结束的分支。邻近平台的第一个转动副(平面子链法线)与平台的关系需要描述，用小括号把该几何关系括起来添加到该转动副或平面子链的描述之后。图 2-3(b)所示的分支的描述是"＋P◇R/R(/)⊥R/R/"。

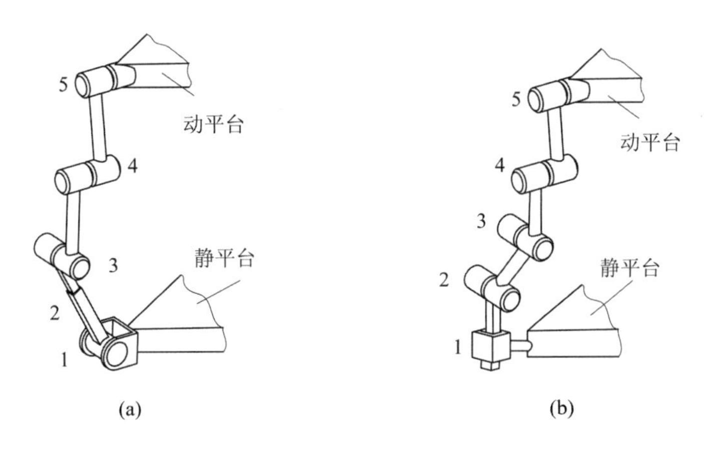

图 2-3 两个典型的分支

(a)含平面子链的分支；(b)以 P 副开始的分支

2.2.2 平台的描述

静平台或动平台的描述由分支的数目和与平台相连各运动副轴线(子链法线)之间的几何关系组成。以描述字符串最简洁为原则,标记分支的顺序 1，2，…，n。然后,依次描述与平台相连运动副(子链)之间的关系。对于对称并联机构而言,由于运动副轴线对称安装在平台上,这些运动副之间轴线关系可以是平行、相交于一点、构成多边形或者一般关系,这几种情况分别用“/”,“∧”,“♯”和“!”表示。

2.2.3 机构的描述

通过上述定义,可以得到如表 2-5 所示的描述字符及相应物理意义。并联机构描述字符串按照以下顺序生成:静平台描述—分支 1 描述～分支 2 描述～分支 3 描述,…,分支 n 描述—动平台描述。

如果机构中有几个分支的描述相同,则只需描述其中的一个分支并在该分支描述字符串前添加相同分支的数目。

如果是对称并联机构,字符描述顺序为静平台描述—分支 1 描述—动平台描述。

例如,图 2-1 所示对称并联机构描述字符串为“3♯—/R/R/R⊥R∧R∧—3∧”。图 2-4 所示并联机构描述字符串是“3(1|2!3)—2/R+R+P+R(2/)/～∧S!R/R/—3(1/2⊥3)”。

表 2-5 并联机构的描述字符及物理意义

描述字符	物理意义
P	移动副
R	转动副
S	球副
U	万向铰
C	圆柱副
/	平行关系
⊥	垂直关系
+	正交关系
∧	相交
!	一般异面
*	汇交(三自由度球面子链)
|	共轴关系
～	不同分支的描述之间的连接符
—	分支描述与平台描述之间的连接符
#	多边形
◇	三自由度平面子链
△	二自由度平面子链

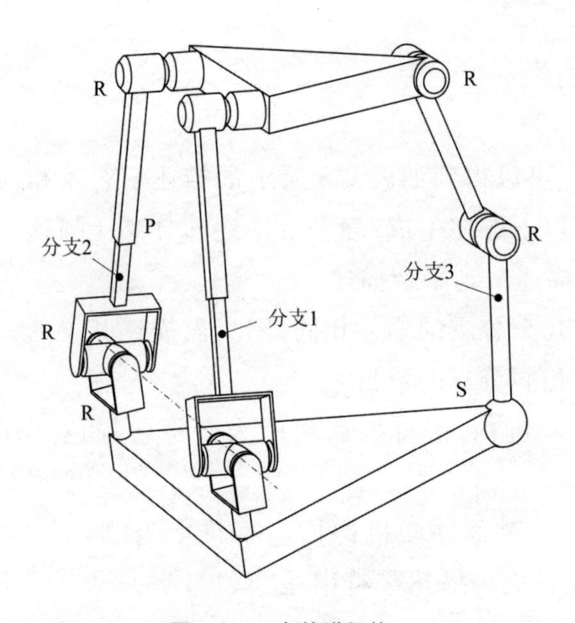

图 2-4 一个并联机构

2.3 分支运动螺旋系和分支约束螺旋系的自动求解

2.3.1 建立参考坐标系

建立一个参考坐标系：z 轴垂直于静平台向上；如果第一个分支的第一个运动副轴线平行于静平台，坐标系的原点则在这个运动副轴线上，x 轴沿着这个运动副轴线；反之，坐标系的原点则在静平台中心，x 轴沿着原点与这个副在静平台上的安装点的连线。

2.3.2 分支运动螺旋系的自动求解

2.3.2.1 第一个分支运动螺旋系的自动求解

首先，基于建立的坐标系，可以直接确定第一个副的方向矢量 $\boldsymbol{S}_{11}$ 和位置矢量 $\boldsymbol{r}_{11}$。

其次，根据第二个副与第一个副的几何关系，可以确定第二个副方向矢量 $\boldsymbol{S}_{12}$ 和位置矢量 $\boldsymbol{r}_{12}$。

依次类推，可以确定余下运动副的方向矢量和位置矢量。不失一般性，假定第 i 个副的方向矢量 $\boldsymbol{S}_i=(\cos\alpha_i, \cos\beta_i, \cos\gamma_i)$ 和位置矢量 $\boldsymbol{r}_i=(d_i, e_i, f_i)$，在第 j 个副与第 i 个副的不同几何关系下，第 j 个副的方向矢量 $\boldsymbol{S}_j$ 和位置矢量 $\boldsymbol{r}_j$ 如表 2-6 所示。例如，如果第 $i+1$ 个副与第 i 个副正交（+），则 $\boldsymbol{S}_j$ 垂直于 $\boldsymbol{S}_i$，$\boldsymbol{r}_j$ 与 $\boldsymbol{r}_i$ 相同，即 $\boldsymbol{S}_j=(\cos\alpha_j, \cos\beta_j, -(\cos\alpha_j\cos\alpha_i+\cos\beta_j\cos\beta_i)/\cos\gamma_i)$，$\boldsymbol{r}_j=\boldsymbol{r}_i=(d_i, e_i, f_i)$。

表 2-6 不同几何关系下的方向和位置

几何关系	$\boldsymbol{S}_j$	$\boldsymbol{r}_j$
平行（/）	$(\cos\alpha_i, \cos\beta_i, \cos\gamma_i)$	(l_j, m_j, n_j)
正交（+）	$(\cos\alpha_j, \cos\beta_j, -(\cos\alpha_j\cos\alpha_i+\cos\beta_j\cos\beta_i)/\cos\gamma_i)$	(l_i, m_i, n_i)
垂直（⊥）	$(\cos\alpha_j, \cos\beta_j, -(\cos\alpha_j\cos\alpha_i+\cos\beta_j\cos\beta_i)/\cos\gamma_i)$	(l_j, m_j, n_j)
相交（∧）	$(\cos\alpha_j, \cos\beta_j, \cos\gamma_j)$	(l_i, m_i, n_i)
异面（!）	$(\cos\alpha_j, \cos\beta_j, \cos\gamma_j)$	(l_j, m_j, n_j)
共轴（|）	$(\cos\alpha_i, \cos\beta_i, \cos\gamma_i)$	(l_i, m_i, n_i)

通过上面的分析，以字符描述为基础，结合运动副轴线方向矢量和位置矢量的参数化表达，可以实现分支 1 中各运动副的方向矢量和位置矢量的计算机程序化求解，如图 2-5 所示。

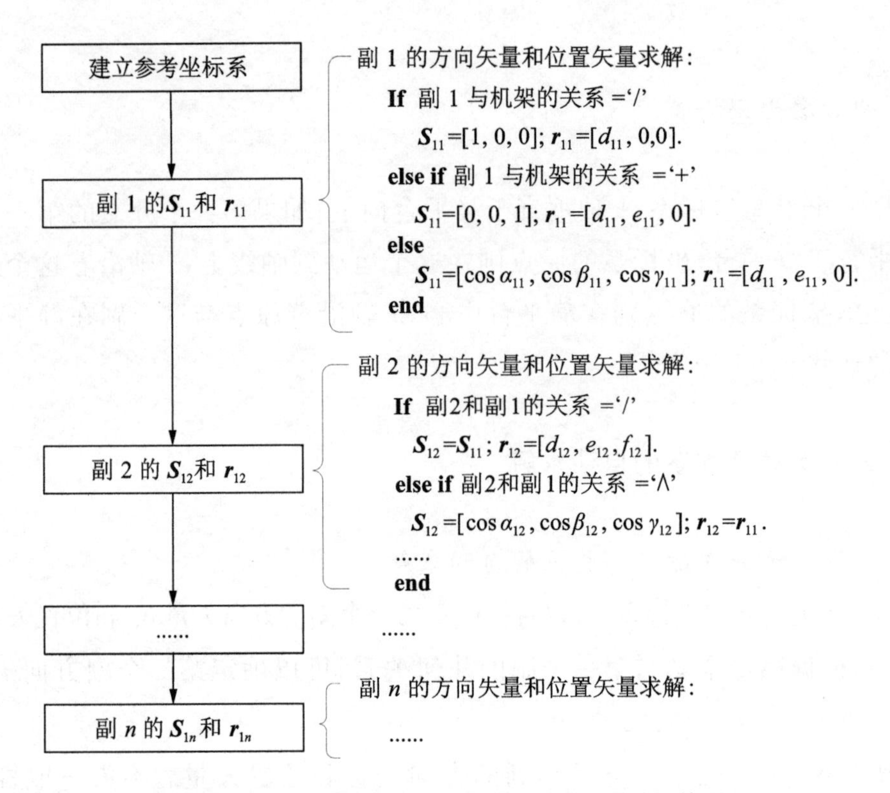

图 2-5 分支 1 中各运动副方向矢量和位置矢量的解算原理

当分支 1 中的所有运动副的方向矢量和位置矢量求得后，这个分支的运动螺旋系可以得到：

$$\boldsymbol{\$}_1 = \begin{pmatrix} \boldsymbol{\$}_{11} \\ \boldsymbol{\$}_{12} \\ \vdots \\ \boldsymbol{\$}_{1p} \\ \vdots \\ \boldsymbol{\$}_{1t} \end{pmatrix} = \begin{pmatrix} \boldsymbol{S}_{11};\ \boldsymbol{r}_{11} \times \boldsymbol{S}_{11} \\ \boldsymbol{S}_{12};\ \boldsymbol{r}_{12} \times \boldsymbol{S}_{12} \\ \vdots \\ \boldsymbol{O};\ \boldsymbol{S}_{1p} \\ \vdots \\ \boldsymbol{S}_{1t};\ \boldsymbol{r}_{1t} \times \boldsymbol{S}_{1t} \end{pmatrix} \tag{2-5}$$

2.3.2.2 其他分支运动螺旋系的自动求解

对于分支 2，第一个副的方向矢量 $\boldsymbol{S}_{21}$ 和位置矢量 $\boldsymbol{r}_{21}$ 由该分支描述中给定的这个副与静平台的关系和静平台描述中给定的这个副与分支 1 的第一个副之间的几何关系确定。第二个副的方向矢量 $\boldsymbol{S}_{22}$ 和位置矢量 $\boldsymbol{r}_{22}$ 则由第二个副与第一个副的几何关系确定。依次地，可以确定余下运动副的方向矢量和位置矢量。最终，第二个分支的运动螺旋系 $\boldsymbol{\$}_2$ 得以求解。同理，其他分支的运动螺旋系 $\boldsymbol{\$}_3$，$\boldsymbol{\$}_4$，…，$\boldsymbol{\$}_n$ 也可以确定。

2.3.3 分支约束螺旋系的自动求解

当求得第 i 个分支的运动螺旋系 $\boldsymbol{\$}_i$ 后，求解互异积方程便能得到它的约束螺旋系：

$$\boldsymbol{\$}_i^r = \begin{Bmatrix} \boldsymbol{\$}_{i1}^r \\ \boldsymbol{\$}_{i2}^r \\ \vdots \\ \boldsymbol{\$}_{ip}^r \\ \vdots \\ \boldsymbol{\$}_{ih}^r \end{Bmatrix} = \begin{Bmatrix} \boldsymbol{S}_{i1}^r;\ \boldsymbol{r}_{i1}^r \times \boldsymbol{S}_{i1}^r \\ \boldsymbol{S}_{i2}^r;\ \boldsymbol{r}_{i2}^r \times \boldsymbol{S}_{i2}^r \\ \vdots \\ \boldsymbol{O};\ \boldsymbol{S}_{ip}^r \\ \cdots \\ \boldsymbol{S}_{ih}^r;\ \boldsymbol{r}_{ih}^r \times \boldsymbol{S}_{ih}^r \end{Bmatrix} \tag{2-6}$$

由于互异积方程是线性方程，求解过程很容易用程序自动实现。

2.4 过约束数目的自动求解

由于所有分支的螺旋系是在同一个坐标系中求取，所以只需将各分支的约束螺旋系做并运算就得到了动平台的约束螺旋系。

动平台约束螺旋系的行向量数就是动平台受到的约束螺旋总数 Q，对动平台约束螺旋系进行初等行变换求得该螺旋系的秩 D。过约束数 μ 等于约束螺旋总数减去动平台约束螺旋系的秩，即

$$\mu = Q - D \tag{2-7}$$

进行初等行变换得到动平台约束螺旋系的最简行矩阵，它表征了动平台受到的独立约束力数和独立约束力偶数。在最简行矩阵的非零行中，前三位都是零的行数就是动平台受到的独立约束力偶数，余下的非零行数就是动平台受到的独立约束力数。

2.5 自由度自动分析

2.5.1 自由度解算

动平台的自由度为：

$$M_p = 6 - D \tag{2-8}$$

机构自由度的计算则利用黄真教授[28]提出的自由度公式：

$$M = 6(n - g - 1) + \sum_{i=1}^{g} f_i + \mu \tag{2-9}$$

式中 f_i ——第 i 个运动副的自由度数；

g ——运动副数；

n ——杆件数；

μ ——过约束数。

根据动平台约束螺旋系最简行矩阵可以确定动平台的自由度性质，即动平台输出多少独立的转动和移动。动平台不受约束时，输出三个独立的移动和三个独立的转动。动平台受到限制的独立移动数就是它受到的独立约束力数，动平台受到限制的独立转动数就是它受到的独立约束力偶数。所以已知动平台受到限制的独立转动和独立移动，也就知道了它输出的独立转动和独立移动。

2.5.2 自由度瞬时性自动判别

对于不含“未定几何关系”的并联机构，在有限的运动中，由于螺旋的相关性和互异性不会改变，分析得到的自由度直接是全周的，不需要再进行瞬时性判别。

对于含有“未定几何关系”的并联机构，由于“未定几何关系”在有限运动中可能会改变，从而导致螺旋的相关性和互异性可能发生改变，进一步导致分析所得的自由度中可能有某个或某几个是瞬时的，所以需要对分析所得的每个自由度都进行瞬时性判别。基于这个原因，一个新的瞬时性判别方法被提出，包含如下步骤：

步骤 1：在给定的“未定几何关系”下，分析机构的自由度。

步骤 2：将轴线之间的“未定几何关系”变成它们之间的一般几何关系，分析机构的自由度。

步骤 3：对比步骤 1 和步骤 2 所得的结果。如果相同，则说明“未定几何关系”对自由度没有影响，则步骤 1 分析所得自由度是全周的。反之，则进行下一步。

步骤 4：对步骤 1 所得的每个自由度进行瞬时性判别。对一个自由度 M_i 进行瞬时性判别需要完成如下步骤：

(1) 在动平台发生这个自由度运动情况下，分析每个分支中含“未定几何关系”的两轴线之间的相对自由度。

具体地，在分析某个分支中含“未定几何关系”两轴线之间的相对自由度步骤如下：首先，将动平台的这个自由度 M_i 用一个运动等效的运动副来代替，并将其他分支删除，从而该分支与等效运动副形成了一个单环机构。在这个单环机构中，将含“未定几何关系”的两轴线中的靠近动平台的一个轴线看作输出杆，将靠近静平台的一个轴线看作机架。其次，分析单环机构中输出杆相对于机架的自由度，即含“未定几何关系”的两轴线之间的相对自由度。

(2) 判断每个相对自由度是否会使“未定几何关系”发生改变。如果发生改变，则步骤 1 分析所得的这个自由度是瞬时的。如果都不发生改变，则步骤 1 分析所得的这个自由度是全周的。具体地，对于不同的“未定几何关系”，使它们不发生改变的相对自由度是确定的，如表 2-7 所示，只需将分析所得的相对自由度与表中的自由度进行对比。

表 2-7 不改变“未定几何关系”的相对自由度

未定几何关系	示意图	不改变“未定几何关系”的相对自由度
线线平行	B A D C	(1) 空间中任意移动自由度； (2) 与这两条线平行的转动自由度
线线垂直	A B D C	(1) 空间中任意移动自由度； (2) 平行于其中一条直线的转动自由度
线线相交	D B A C	(1) 在相交直线组成的平面内的两移动自由度； (2) 过交点的任意转动自由度

基于上述分析，可以得到自动判别自由度瞬时性的流程图如图 2-6 所示，其中主要涉及自由度的多次分析，用上述的自由度分析原理很容易实现瞬时性自动判别。

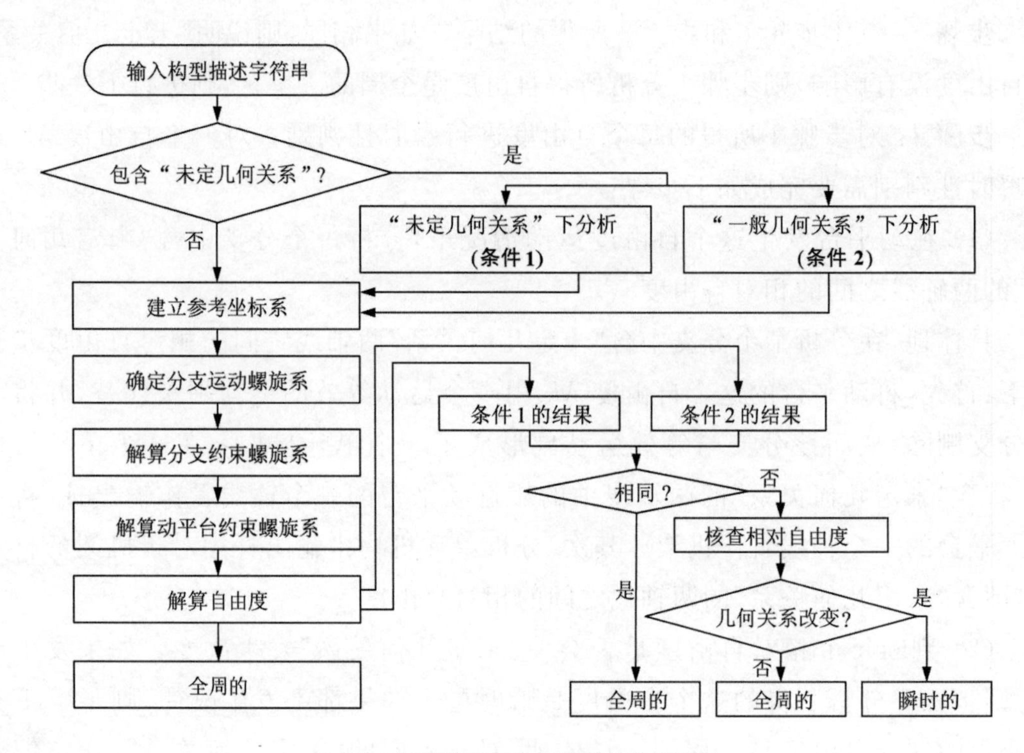

图 2-6 自动判别自由度瞬时性的流程图

2.6 例 子

2.6.1 例 2-1

如图 2-7 所示的并联机构，包含三个分支，分支 1 和分支 2 结构相同。在静平台上，分支 1 的第一个副平行于分支 2 的第一个副，分支 3 是一个球副。在动平台上，分支 1 的最后一个副平行于分支 2 的最后一个副，并且这两个副都与分支 3 的最后一个副异面。因此，静平台的描述是“3(1/2!3)”，分支的描述是“2/R/R/R!R∧～∧R∧R＊R∧P△R/”，动平台的描述是“3(1/2!3)”。

建立如图 2-7 所示的参考坐标系，坐标原点在分支 1 的第一个副的轴线上，x 轴沿着这个副的轴线，z 轴垂直于静平台向上，y 轴由右手定则确定。对于第一个分支，由于第一个副在 x 轴上，第一个副的方向和位置表示为 $\boldsymbol{S}_{11}=(1,\ 0,\ 0)$ 和 $\boldsymbol{r}_{11}=(l_{11},\ 0,\ 0)$。根据第一个分支的描述"/R/R/R!R∧"，第二个副平行于(/)第一个副，相应地，$\boldsymbol{S}_{12}=(1,\ 0,\ 0)$，$\boldsymbol{r}_{12}=(l_{12},\ m_{12},\ n_{12})$。第三个副平行于(/)第二个副，那么，$\boldsymbol{S}_{13}=(1,\ 0,\ 0)$，$\boldsymbol{r}_{13}=(l_{13},\ m_{13},\ n_{13})$。第四个副与第三个副异面(!)，那么，$\boldsymbol{S}_{14}=(\cos\alpha_i,\ \cos\beta_i,\ \cos\gamma_i)$ 和 $\boldsymbol{r}_{14}=(l_{14},\ m_{14},\ n_{14})$。分支 1 的运动螺旋系为

$$\boldsymbol{\$}_1=\begin{Bmatrix}\boldsymbol{\$}_{11}\\ \boldsymbol{\$}_{12}\\ \boldsymbol{\$}_{13}\\ \boldsymbol{\$}_{14}\end{Bmatrix}$$

$$=\begin{Bmatrix}1,0,0;(l_{11},0,0)\times(1,0,0)\\ 1,0,0;(l_{12},m_{12},n_{12})\times(1,0,0)\\ 1,0,0;(l_{13},m_{13},n_{13})\times(1,0,0)\\ \cos\alpha_{14},\cos\beta_{14},\cos\gamma_{14};(l_{14},m_{14},n_{14})\times(\cos\alpha_{14},\cos\beta_{14},\cos\gamma_{14})\end{Bmatrix}\quad(2\text{-}10)$$

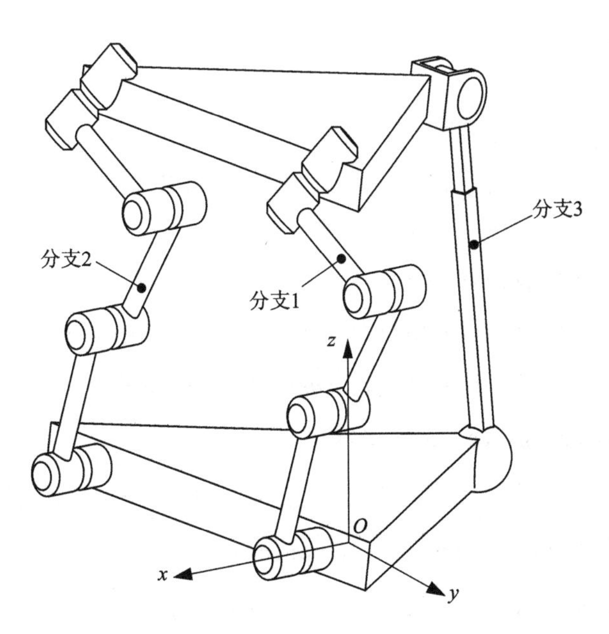

图 2-7　"3(1/2!3)—2/R/R/R!R∧～∧R∧R＊R∧P△R/—3(1/2!3)"并联机构

对于第二个分支，基于该分支的描述"/R/R/R! R∧"，静平台上的几何关系

为“3(1/2! 3)”,分支 1 的第一个副与分支 2 的第一个副平行,那么,$\boldsymbol{S}_{21}=(1,0,0)$。由于分支 2 的第一个副在静平台上,那么 $\boldsymbol{r}_{21}=(l_{21},m_{21},0)$。分支 2 的第二和第三个副的方向矢量和位置矢量由它们与第一个副的几何关系确定。分支 2 的第四个副由它与分支 1 的第四个副的平行关系确定。最终得到分支 2 的运动螺旋系为

$$\boldsymbol{\$}_2=\begin{Bmatrix}\boldsymbol{\$}_{21}\\\boldsymbol{\$}_{22}\\\boldsymbol{\$}_{23}\\\boldsymbol{\$}_{24}\end{Bmatrix}=\begin{Bmatrix}1,0,0;(l_{21},m_{21},0)\times(1,0,0)\\1,0,0;(l_{22},m_{22},n_{22})\times(1,0,0)\\1,0,0;(l_{23},m_{23},n_{23})\times(1,0,0)\\\cos\alpha_{14},\cos\beta_{14},\cos\gamma_{14};(l_{24},m_{24},n_{24})\times(\cos\alpha_{14},\cos\beta_{14},\cos\gamma_{14})\end{Bmatrix}\tag{2-11}$$

类似地,第三个分支中运动副的方向矢量和位置矢量也能被确定,最终得到第三个分支的运动螺旋系为

$$\boldsymbol{\$}_3=\begin{Bmatrix}\boldsymbol{\$}_{31}\\\boldsymbol{\$}_{32}\\\boldsymbol{\$}_{33}\\\boldsymbol{\$}_{34}\\\boldsymbol{\$}_{35}\end{Bmatrix}=\begin{Bmatrix}\cos\alpha_{31},\cos\beta_{31},\cos\gamma_{31};(l_{31},m_{31},0)\times(\cos\alpha_{31},\cos\beta_{31},\cos\gamma_{31})\\\cos\alpha_{32},\cos\beta_{32},\cos\gamma_{32};(l_{31},m_{31},0)\times(\cos\alpha_{32},\cos\beta_{32},\cos\gamma_{32})\\\cos\alpha_{33},\cos\beta_{33},\cos\gamma_{33};(l_{31},m_{31},0)\times(\cos\alpha_{33},\cos\beta_{33},\cos\gamma_{33})\\0,0,0;\cos\alpha_{34},\cos\beta_{34},\cos\gamma_{34}\\\cos\alpha_{35},\cos\beta_{35},\cos\gamma_{35};(l_{35},m_{35},n_{35})\times(\cos\alpha_{35},\cos\beta_{35},\cos\gamma_{35})\end{Bmatrix}\tag{2-12}$$

其中,$\cos\gamma_{35}=-(\cos\alpha_{34}\cos\alpha_{35}+\cos\beta_{35}\cos\beta_{34})/\cos\gamma_{34}$。

根据互异积方程,可以得到第一个分支约束螺旋系:

$$\boldsymbol{\$}_1^r=\begin{Bmatrix}\boldsymbol{\$}_{11}^r\\\boldsymbol{\$}_{12}^r\end{Bmatrix}=\begin{Bmatrix}0,0,0;0,\cos\gamma_{14},-\cos\beta_{14}\\1,0,0;(l_{14},m_{14},n_{14})\times(1,0,0)\end{Bmatrix}\tag{2-13}$$

第二个分支约束螺旋系：

$$\$_2^r = \begin{Bmatrix} \$_{21}^r \\ \$_{22}^r \end{Bmatrix} = \begin{Bmatrix} 0,0,0;0,\cos\gamma_{14},-\cos\beta_{14} \\ 1,0,0;(l_{24},m_{24},n_{24})\times(1,0,0) \end{Bmatrix} \tag{2-14}$$

第三个分支约束螺旋系：

$$\begin{aligned} \$_3^r &= \$_{31}^r \\ &= (\cos\alpha_{35},\cos\beta_{35},\cos\gamma_{35};(l_{31},m_{31},0)\times(\cos\alpha_{35},\cos\beta_{35},\cos\gamma_{35})) \end{aligned} \tag{2-15}$$

动平台的约束螺旋系为

$$\$^r = \begin{Bmatrix} \$_{11}^r \\ \$_{12}^r \\ \$_{21}^r \\ \$_{22}^r \\ \$_{31}^r \end{Bmatrix} = \begin{Bmatrix} 0,0,0;0,\cos\gamma_{14},-\cos\beta_{14} \\ 1,0,0;(l_{14},m_{14},n_{14})\times(1,0,0) \\ 0,0,0;0,\cos\gamma_{14},-\cos\beta_{14} \\ 1,0,0;(l_{24},m_{24},n_{24})\times(1,0,0) \\ \cos\alpha_{35},\cos\beta_{35},\cos\gamma_{35};(l_{31},m_{31},0)\times(\cos\alpha_{35},\cos\beta_{35},\cos\gamma_{35}) \end{Bmatrix} \tag{2-16}$$

通过初等行变换，动平台的约束螺旋系变为如下形式：

$$\begin{Bmatrix} 1 & 0 & E_1 & 0 & 0 & F_1 \\ 0 & 1 & E_2 & 0 & 0 & F_2 \\ 0 & 0 & 0 & 1 & 0 & F_3 \\ 0 & 0 & 0 & 0 & 1 & 0 \\ 0 & 0 & 0 & 0 & 0 & 0 \end{Bmatrix} \tag{2-17}$$

因此，动平台约束螺旋系的秩为 $D=4$，过约束的数目是 $\mu=5-D=1$。动平台的自由度是 $M_p=6-D=2$。机构的自由度为

$$M = 6(n-g-1)+\sum_{i=1}^{g} f_i+\mu = 6\times(10-11-1)+13+1 = 2 \tag{2-18}$$

从式(2-16)和式(2-17)来看，动平台受四个独立约束，即两个力和两个力偶。因此动平台有一个转动自由度和一个移动自由度。

基于提出的自由度分析方法，一个自动分析自由度的软件被开发。在软件

界面上输入分支描述“2/R/R/R!R∧～∧R∧R＊R∧P△R/”，动平台描述“3(1/2!3)”和静平台描述“3(1/2!3)”，分析结果如图2-8所示，其中“1T1R”表示一移一转。

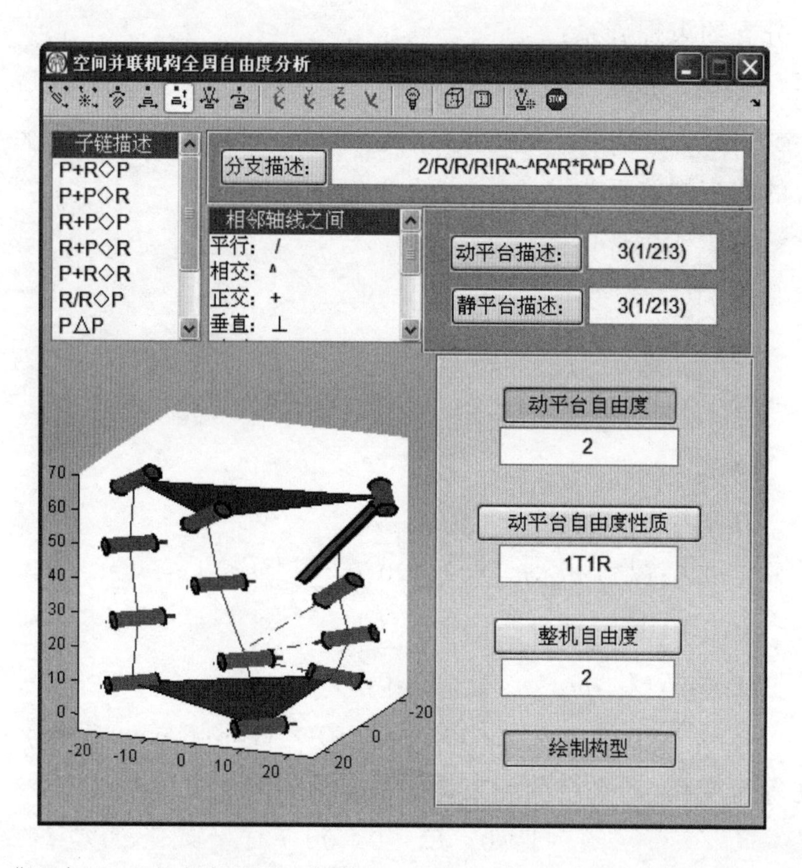

图2-8 “3(1/2!3)—2/R/R/R!R∧～∧R∧R＊R∧P△R/—3(1/2!3)”并联机构的自由度分析

对上述机构分析得到的自由度数目和自由度性质可以通过在SolidWorks软件中建模来验证。在SolidWorks软件中建立上述机构的三维模型，如图2-9所示。

机构自由度数目验证如下：根据驱动副选取原理[40]，从机构中无论选择哪N个运动副（看作单自由度运动副）锁死，机构中有构件在运动，但从中选$N+1$个运动副锁死时，机构中所有构件都不动，那么机构的自由度数目是$N+1$。这个原理可以用来验证机构的自由度数目。

对于上述机构，无论选择哪个单自由度运动副锁死，都有构件在运动，但选择运动副R_{11}和R_{21}锁死时，机构中所有构件不动，那么机构的自由度为2。

动平台自由度数目验证如下：从机构中无论选择哪N个运动副（看作单自由

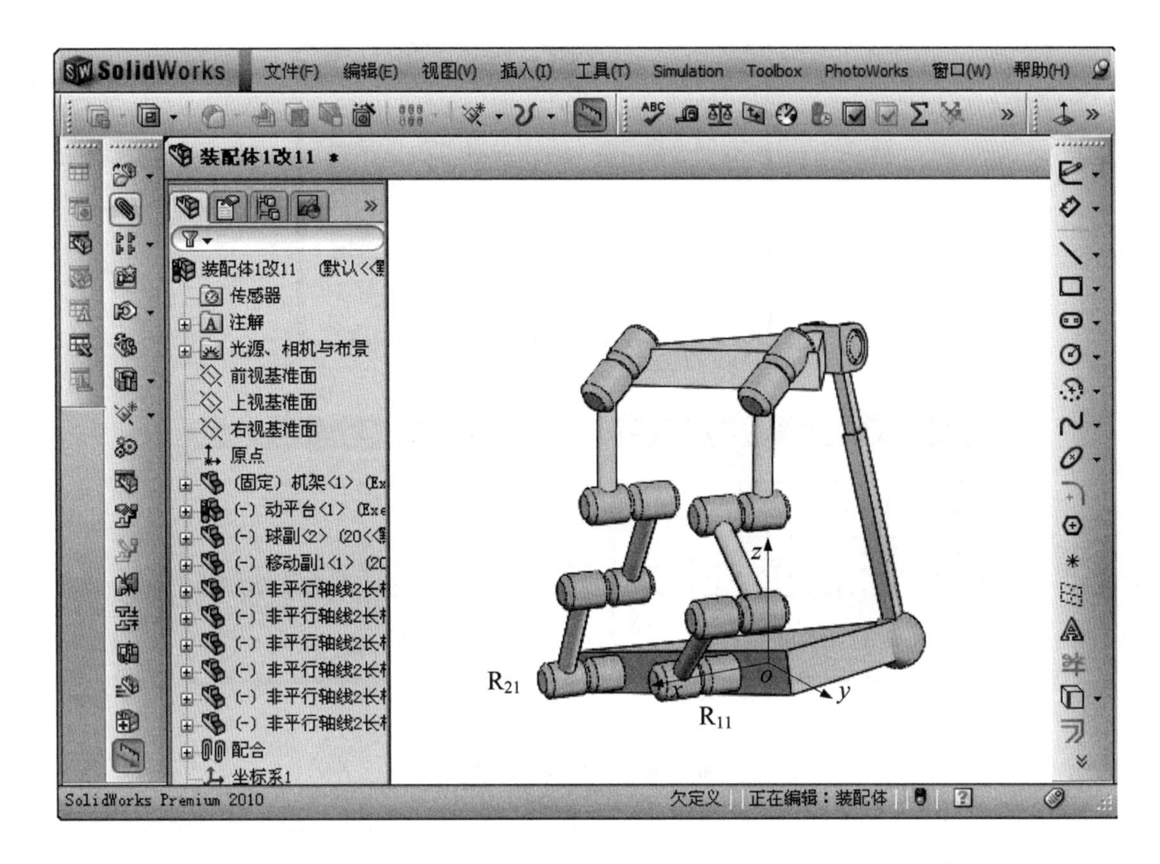

图 2-9　“3(1/2!3)—2/R/R/R!R∧～∧R∧R＊R∧P△R/—3(1/2!3)”并联机构的三维模型

度运动副)锁死，机构中有构件在运动，但从中选 $N+1$ 个运动副锁死时，机构中所有构件都不动，那么机构的自由度数目是 $N+1$。这个原理可以用来验证机构的自由度数目。

对于上述机构，无论选择哪个单自由度运动副锁死，动平台都在运动，但选择运动副 R_{11} 和 R_{21} 锁死时，动平台不动，那么动平台的自由度为 2。

动平台自由度性质验证如下：根据上述自由度数目的验证结果，机构的自由度为 2，可以选择 R_{11} 和 R_{21} 为驱动副，设置驱动速度为 6 r/min，建立如图 2-9 所示的参考坐标系。进行运动仿真后，动平台沿 x 轴、y 轴和 z 轴方向的角速度分别如图 2-10(a)、(b)、(c)所示。从图中可以看出，动平台只在 x 轴方向上有角速度，在 y 轴和 z 轴方向没有角速度，所以动平台只有一个转动。又因为动平台有两个自由度，那么剩下一个自由度必为移动自由度。

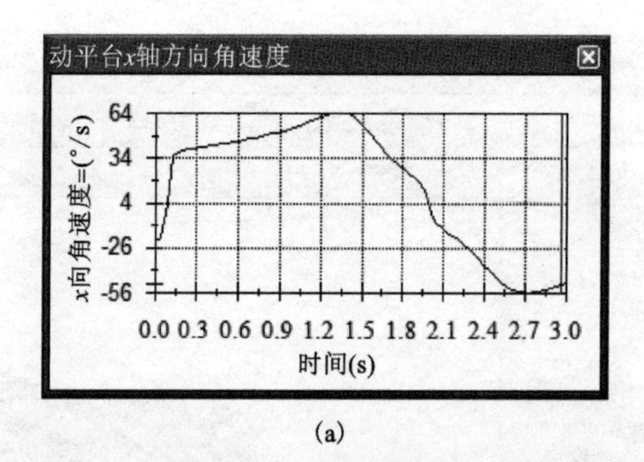

(a)

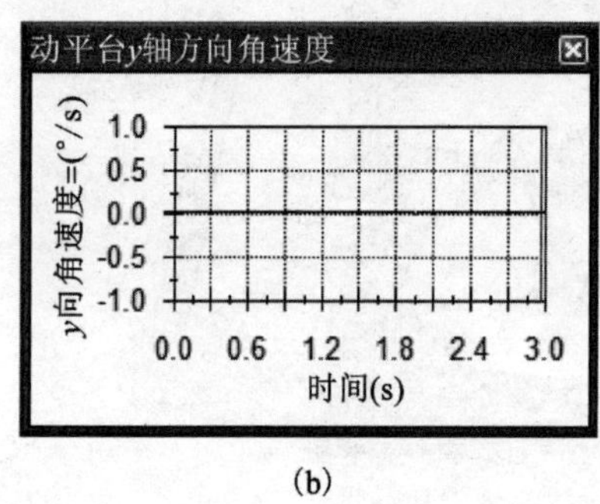

(b)

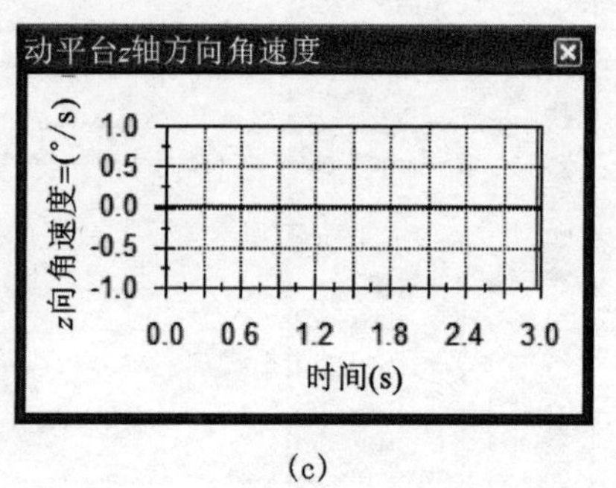

(c)

图 2-10　动平台的角速度

(a)动平台在 x 轴向的角速度;(b)动平台在 y 轴向的角速度;(c)动平台在 z 轴向的角速度

2.6.2　例 2-2

如图 2-11 所示的并联机构,它包含三个相同的分支,每个分支的第一个运动副轴线与第五个运动副轴线平行。然而,这个平行关系是“未定几何关系”。因此每个分支被描述为“/R+R/R/R+R[1/]/”,静平台和动平台的描述都为“3#”。

建立如图 2-11 所示的参考坐标系,原点在分支 1 的第一个副的轴线上,x 轴沿着这个轴线,z 轴垂直于静平台。

步骤 1:在给定的“未定几何关系”下分析机构的自由度。分支 1 的运动螺旋系为

$$\boldsymbol{\$}_1=\begin{Bmatrix}\boldsymbol{\$}_{11}\\\boldsymbol{\$}_{12}\\\boldsymbol{\$}_{13}\\\boldsymbol{\$}_{14}\\\boldsymbol{\$}_{15}\end{Bmatrix}$$

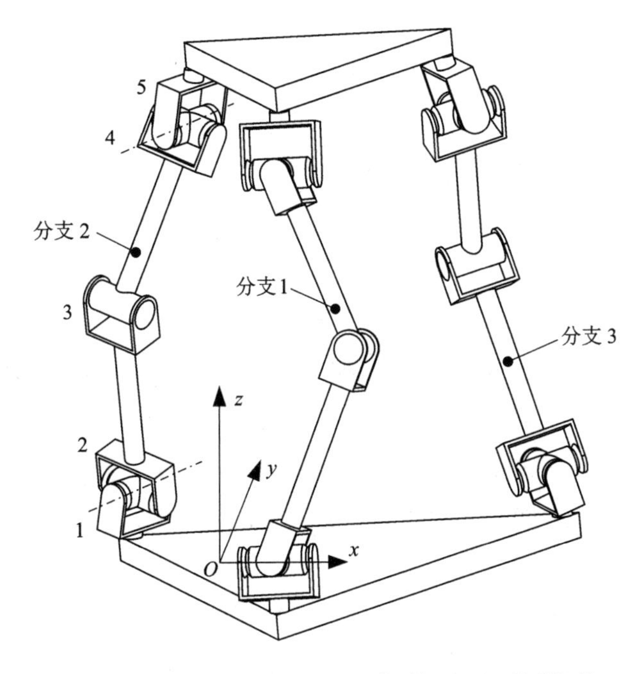

图 2-11 “3＃—/R+R/R/R+R[1/]/—3＃”并联机构

$$
= \begin{pmatrix} 1,0,0;(d_{11},0,0)\times(1,0,0) \\ 0,\cos\beta_{12},\cos\gamma_{12};(d_{12},e_{12},f_{12})\times(0,\cos\beta_{12},\cos\gamma_{12}) \\ 0,\cos\beta_{12},\cos\gamma_{12};(d_{13},e_{13},f_{13})\times(0,\cos\beta_{12},\cos\gamma_{12}) \\ 0,\cos\beta_{12},\cos\gamma_{12};(d_{14},e_{14},f_{14})\times(0,\cos\beta_{12},\cos\gamma_{12}) \\ 1,0,0;(d_{15},e_{15},f_{15})\times(1,0,0) \end{pmatrix} \tag{2-19}
$$

分支 1 的约束螺旋系为

$$
\boldsymbol{\$}_1^r = (0,0,0;\ 0,\cos\gamma_{12},-\cos\beta_{12}) \tag{2-20}
$$

同样,另两个分支的约束螺旋系可以得到,最终动平台的约束螺旋系为

$$
\boldsymbol{\$}^r = \begin{pmatrix} \boldsymbol{\$}_1^r \\ \boldsymbol{\$}_2^r \\ \boldsymbol{\$}_3^r \end{pmatrix}
= \begin{pmatrix} 0,0,0;0,\cos\gamma_{12},-\cos\beta_{12} \\ 0,0,0;\cos\beta_{21}\cos\gamma_{22},-\cos\alpha_{21}\cos\gamma_{22},-\cos^2\alpha_{21}-\cos^2\beta_{21} \\ 0,0,0;\cos\beta_{31}\cos\gamma_{32},-\cos\alpha_{31}\cos\gamma_{32},-\cos^2\alpha_{31}-\cos^2\beta_{31} \end{pmatrix} \tag{2-21}
$$

动平台约束螺旋系的最简行为

$$\boldsymbol{\$}^r = \begin{pmatrix} 0 & 0 & 0 & 1 & 0 & 0 \\ 0 & 0 & 0 & 0 & 1 & 0 \\ 0 & 0 & 0 & 0 & 0 & 1 \end{pmatrix} \tag{2-22}$$

式(2-22)表明动平台约束螺旋系的秩为 $D=3$，过约束的数目为 $\mu = 3 - D = 0$ 。动平台的自由度为 $M_p = 6 - D = 6 - 3 = 3$ 。机构的自由度为

$$M = 6(n - g - 1) + \sum_{i=1}^{g} f_i + \mu = 6 \times (8 - 9 - 1) + 15 + 0 = 3 \tag{2-23}$$

从式(2-22)可以看出，动平台被施加三个独立的约束力偶，它的三个转动被约束掉，因此动平台输出三个移动自由度。

步骤 2：就分支自身而言，第一和第五轴线的平行关系只在瞬时存在，它们之间的一般性关系是相交，如图 2-12(a)所示，在相交情况下分析自由度。

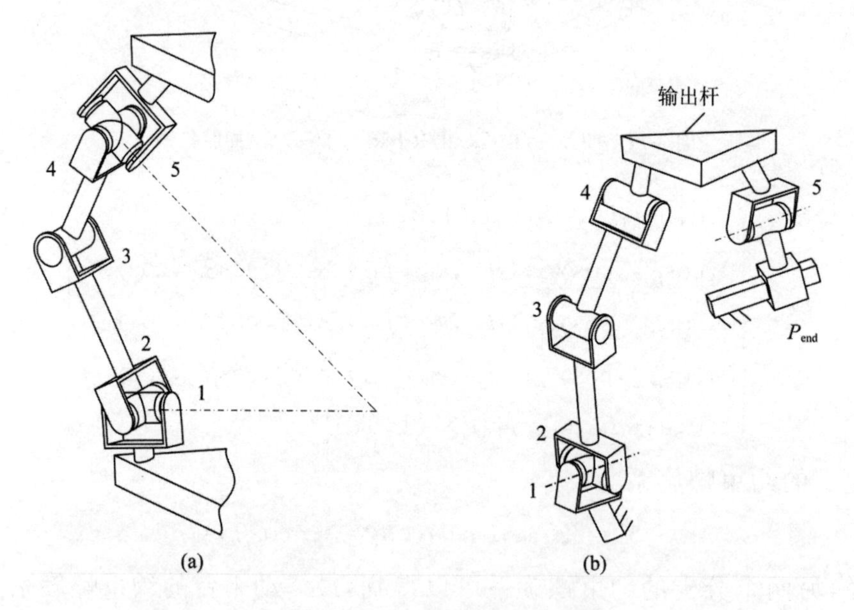

图 2-12 轴线之间相对自由度分析

(a)单个分支；(b)单环机构

分支 1 的运动螺旋系为

$$\boldsymbol{\$}'_1 = \begin{pmatrix} \boldsymbol{\$}'_{11} \\ \boldsymbol{\$}'_{12} \\ \boldsymbol{\$}'_{13} \\ \boldsymbol{\$}'_{14} \\ \boldsymbol{\$}'_{15} \end{pmatrix}$$

$$= \begin{Bmatrix} 1,0,0;(d'_{11},0,0)\times(1,0,0) \\ 0,\cos\beta_{12},\cos\gamma_{12};(d'_{12},e'_{12},f'_{12})\times(0,\cos\beta_{12},\cos\gamma_{12}) \\ 0,\cos\beta_{12},\cos\gamma_{12};(d'_{13},e'_{13},f'_{13})\times(0,\cos\beta_{12},\cos\gamma_{12}) \\ 0,\cos\beta_{12},\cos\gamma_{12};(d'_{14},e'_{14},f'_{14})\times(0,\cos\beta_{12},\cos\gamma_{12}) \\ \cos\alpha_{15},\cos\beta_{15},\cos\gamma_{15};(d'_{11},0,0)\times(\cos\alpha_{15},\cos\beta_{15},\cos\gamma_{15}) \end{Bmatrix} \tag{2-24}$$

分支1的约束螺旋系为

$$\$_1^{r\prime} = (0,\ \cos\beta_{12},\ \cos\gamma_{12};\ (d'_{11},\ 0,\ 0)\times(0,\ \cos\beta_{12},\ \cos\gamma_{12})) \tag{2-25}$$

同样地,另两个分支的约束螺旋系可以求得

$$\begin{cases} \$_2^{r\prime} = (0,\ \cos\beta_{22},\ \cos\gamma_{22};\ (d'_{21},\ e'_{21},\ 0)\times(0,\ \cos\beta_{22},\ \cos\gamma_{22})) \\ \$_3^{r\prime} = (0,\ \cos\beta_{32},\ \cos\gamma_{32};\ (d'_{31},\ e'_{31},\ 0)\times(0,\ \cos\beta_{32},\ \cos\gamma_{32})) \end{cases} \tag{2-26}$$

最终得到动平台的约束螺旋系为

$$\begin{cases} \$_1^{r\prime} = (0,\ \cos\beta_{12},\ \cos\gamma_{12};\ (d'_{11},\ 0,\ 0)\times(0,\ \cos\beta_{12},\ \cos\gamma_{12})) \\ \$_2^{r\prime} = (0,\ \cos\beta_{22},\ \cos\gamma_{22};\ (d'_{21},\ e'_{21},\ 0)\times(0,\ \cos\beta_{22},\ \cos\gamma_{22})) \\ \$_3^{r\prime} = (0,\ \cos\beta_{32},\ \cos\gamma_{32};\ (d'_{31},\ e'_{31},\ 0)\times(0,\ \cos\beta_{32},\ \cos\gamma_{32})) \end{cases} \tag{2-27}$$

进行初等行变换后,动平台约束螺旋系的最简行形式为

$$\$^{r\prime} = \begin{pmatrix} 1 & 0 & 0 & E_{11} & F_{11} & G_{11} \\ 0 & 1 & 0 & E_{12} & F_{12} & G_{12} \\ 0 & 0 & 1 & E_{13} & F_{13} & G_{13} \end{pmatrix} \tag{2-28}$$

动平台约束螺旋系的秩为 $D'=3$。过约束数目为 $\mu' = 3 - D' = 0$。动平台的自由度为 $M'_p = 6 - D' = 6 - 3 = 3$。那么机构的自由度为

$$M' = 6(n-g-1) + \sum_{i=1}^{g} f_i + \mu = 6\times(8-9-1) + 15 + 0 = 3 \tag{2-29}$$

从式(2-28)可以看出,动平台被施加三个独立的约束力,被约束了三个移动,因此动平台输出三个转动自由度。

步骤3:对比式(2-22)和式(2-28),分支的第一和第五轴线在平行与相交时,动平台受到的约束不同,自由度性质不同。

步骤4:对步骤1得到的三个移动自由度分别进行瞬时性判别。一个移动自由度的瞬时判别如下:

(1) 解算每个分支第一和第五轴线之间的相对自由度。以分支2为例,将动平台的这个移动自由度用一个运动等效的运动副 P_{end} 代替,删除其余两个分支,进而得到一个如图2-12(b)所示的等效的单环机构。其中一个分支由分支2的前四

个转动副构成，另一个分支由第五个转动副和等效的移动副 P_{end} 构成。通过自由度分析，这个单环机构的输出杆有一个平行于副 1 和副 5 的转动自由度，它是副 1 和副 5 的相对自由度。

(2) 对比表 2-7 中列出的不改变两平行轴线的相对自由度，这个转动自由度不改变副 1 和副 5 的平行关系。同样，可以得到其他分支的副 1 和副 5 的平行关系不会改变。因此，步骤 1 解算的自由度是全周的。

在开发的软件界面上输入分支描述“/R+R/R/R+R[1/]/”，静平台描述“3＃”，动平台描述“3＃”。全周的自由度被自动分析，如图 2-13 所示，动平台的自由度是 3，动平台的自由度性质是三移(3T)，整机自由度是 3。

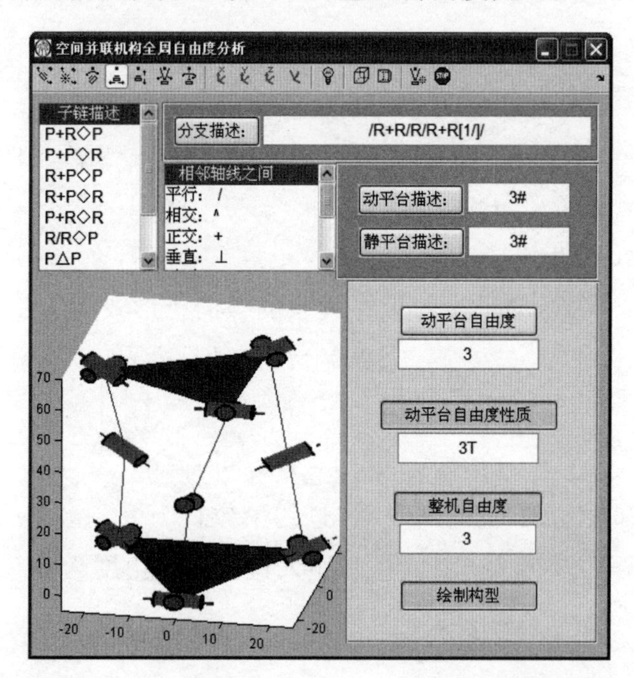

图 2-13 “3＃—/R+R/R/R+R[1/]/—3＃”并联机构的自由度分析

上述分析结果验证：上述“3＃—/R+R/R/R+R[1/]/—3＃”并联机构与 3-UPU 并联机构的运动是等效的。著名机构学研究学者 Tsai 等[90]和黄真[40]分别对 3-UPU 机构的自由度进行过分析。尽管上述分析过程与这些学者的分析过程不同，但得到的分析结果与他们的一样，得到了相互验证。

另外，也可以在 SolidWorks 软件中建立“3＃—/R+R/R/R+R[1/]/—3＃”并联机构的三维模型。类似于例 1 所示机构的验证过程，通过锁住运动副验证自由度数目，添加三个驱动副，可以检测动平台是否有角速度以验证它是否有转动自由度，如没有转动自由度，那么全是移动自由度。

3 分支的数字化构型综合及分支数据库建立

分支的数字化构型综合以及分支数据库的建立是实现空间并联机构数字化构型综合的基础。为不失一般性，对分支给定下面几个限定条件：

(1) 只考虑提供约束力或约束力偶的分支；

(2) 排除包含局部自由度的分支，因为它们可以被含有更少运动副的分支所代替；

(3) 分支被认为仅由 R 副和 P 副组成。根据新的表示方法，复合运动副 C、U 和 S 可以表示为“R|P”、“R+R”和“R∧R*R”。

根据螺旋理论，六自由度分支不能提供约束，因此只考虑几个典型的六自由度分支 UPS、URS、SRU 和 SPU，而且这些分支中运动副轴线几何关系不需要描述。

3.1 五自由度分支构型综合及数据库建立

3.1.1 只提供约束力或约束力偶的几何条件

对于提供约束力或约束力偶的五自由度分支，存在如下两个定理：

定理 1 提供约束力偶的五自由度分支中的转动副一定只分布在两个不同的轴线方向。

证明：根据互异螺旋之间的几何关系，一个分支提供的约束力偶一定垂直于该分支中所有的转动副，有且只有两个不同的转动副方向确定一个约束力偶，那么提供约束力偶的五自由度分支中的转动副一定只分布在两个不同的轴线方向。

定理 2　对于提供约束力的五自由度分支，转动副须分布在三个或三个以上转动副方向，进一步，如果分支中全部是转动副，分支中须含一个三自由度平面子链或三自由度球面子链；如果分支中含有移动副，分支中须含一个三自由度平面子链、三自由度球面子链、等效的三自由度平面子链或等效的三自由度球面子链。

证明：分支中的转动副须分布在三个或三个以上转动副方向，否则就会提供约束力偶。为不失一般性，当分支中全部为转动副时，五自由度分支分为如下几种类型：

类型 1：包含一个三自由度平面子链。一般地，这样的一个分支如图 3-1(a)所示，它的描述为“R/R/R! R! R”，其中前三个转动副构成一个三自由度平面子链。过 R_4 的轴线 L_2 上一点 A 作一条直线 L_3 使其平行于 R_3 的轴线 L_1。直线 L_2 和 L_3 构成的平面 γ 与 R_5 的轴线 L_4 相交于一点 B。在平面 γ 上过点 B 作一条直线 L_5 使其平行于 L_3。那么 L_5 同时与 R_4 和 R_5 的轴线相交并平行于 R_1、R_2 和 R_3 的轴线。因此，线矢量 L_5 与 5 个转动副是共面的，它是分支的约束力。

类型 2：只包含一个二自由度平面子链或没有平面子链。一般地，含一个二自由度平面子链的分支如图 3-1(b)所示，它的描述为“R/R! R! R! R”。过 R_3 的轴线 L_2 上一点 A 作一条直线 L_3 使其平行于 R_2 的轴线 L_1。直线 L_2 和 L_3 构成的平面 γ 分别与 R_4 的轴线 L_4 和 R_5 的轴线 L_5 相交于点 B 和点 C。一般地，直线 BC 不平行于 L_3。因此，不存在一个线矢量与 5 个转动副共面。同样，对于没有平面副或球面副的分支，例如“R! R! R! R! R”，不能提供约束力。

类型 3：包含一个三自由度球面子链。一般地，这样的一个分支如图 3-1(c)所示，它的描述为“R∧R＊R! R! R”，其中前三个转动副构成一个三自由度球面子链。球面子链的交点 A 和 R_4 的轴线 L_1 可以构成一个平面 γ。R_5 的轴线 L_2 和平面 γ 交于点 B。在平面 γ 上的直线 AB 与 R_1、R_2、R_3、R_4 和 R_5 的轴线都相交。因此，线矢量 AB 是分支提供的约束力。

类型 4：只包含一个二自由度球面子链或没有球面子链。一般地，一个二自由度球面子链的分支如图 3-1(d) 所示，它的描述为“R∧R! R! R! R”。球面子链的交点 A 和 R_3 的轴线 L_1 构成一个平面 γ。R_4 的轴线 L_2 和 R_5 的轴线 L_3 分别与平面 γ 相交于点 B 和点 C。一般地，直线 BC 不过点 A。因此，不存在一个线矢量与 5 个转动副共面。同样，对于没有平面副或球面副的分支，例如“R!R!R!R!R”，不能提供约束力。

对于含有移动副的五自由度分支，如果含有三自由度平面子链或三自由度球

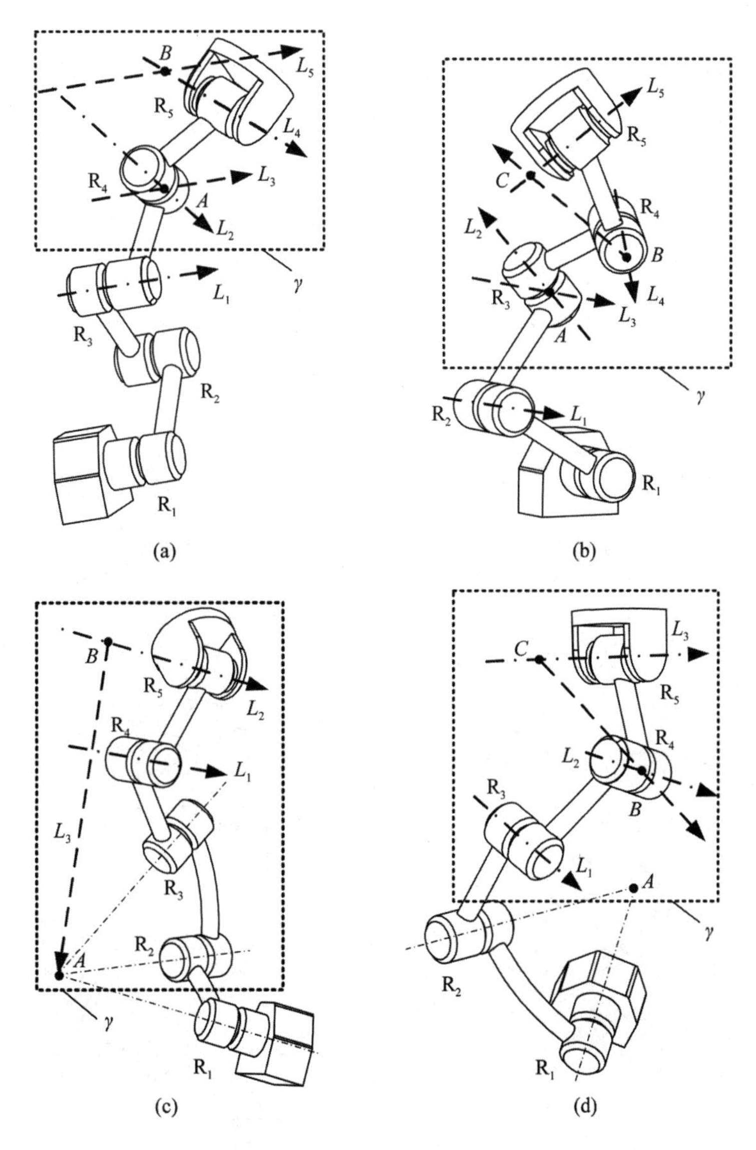

图 3-1　四类全为转动副的五自由度分支

(a)类型 1;(b)类型 2;(c)类型 3;(d)类型 4

面子链时,类似于上述全为转动副的五自由度分支的证明,它们定能提供约束力。几个不相邻的运动副可能产生与三自由度平面子链或球面子链等效的运动,称这几个不相邻运动副构成了等效的三自由度平面子链或等效的三自由度球面子链,容易证明,这时分支也能提供约束力。含等效的三自由度平面子链或等效的三自由度球面子链的分支类型如图 3-2 所示。

在图 3-2(a)所示的分支中,R_2 与 R_3 平行,R_3 与 R_4 垂直,R_4 与 P_5 平行,那么

R_2、R_3 和 P_5 构成一个等效的三自由度平面子链。

在图 3-2(b)所示的分支中，P_1 与 R_2 平行，R_2 与 R_3 垂直，R_3 与 R_4 垂直，R_4 与 P_5 平行，那么 R_3 与 P_1 和 P_5 都垂直，这三个副构成一个等效的三自由度平面子链。

在图 3-2(c)所示的分支中，R_2、R_3 与 R_5 在一点汇交，P_4 与 R_5 平行，R_2、R_3 与 R_5 构成一个等效的三自由度球面子链。

在图 3-2(d)所示的分支中，R_1 与 P_2 平行，R_1、R_3 与 R_5 在一点汇交，P_4 与 R_5 平行，R_1、R_3 与 R_5 构成一个等效的三自由度球面子链。

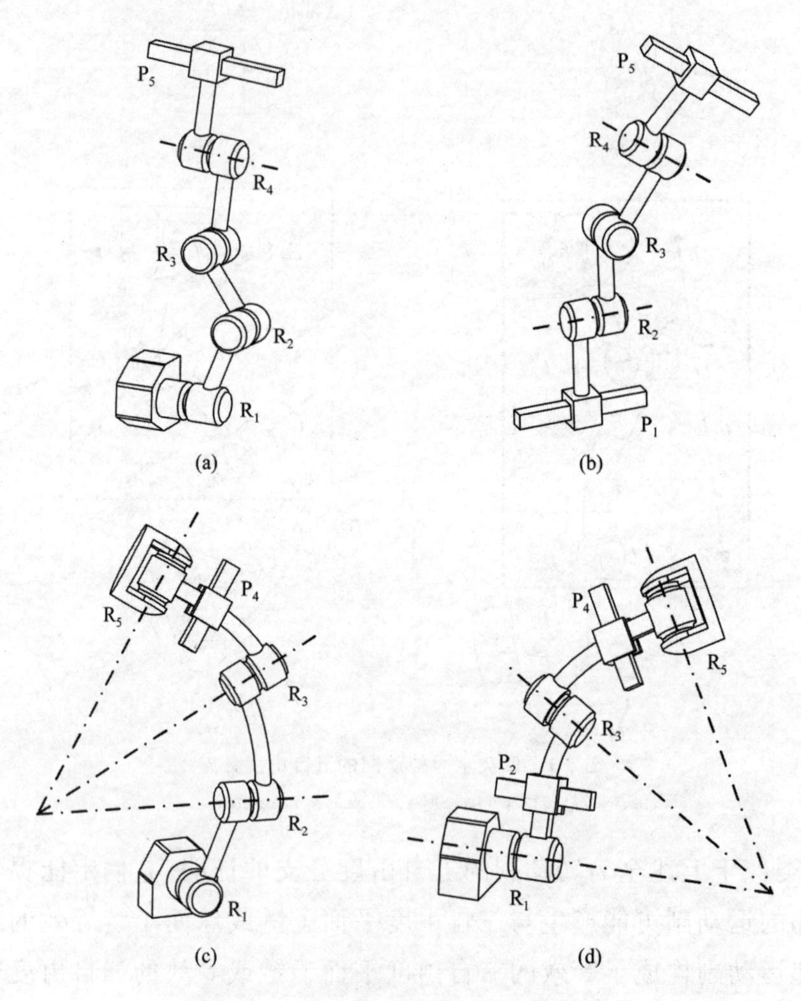

图 3-2　四类含等效子链的五自由度分支

(a)类型 1；(b)类型 2；(c)类型 3；(d)类型 4

基于上述分析，定理 1 和定理 2 得以证明。

3.1.2　只含转动副的五自由度分支综合

步骤 1:用计算机程序生成相邻运动副轴线之间几何关系的所有组合。每两个相邻的 R 副的几何关系可能是“+”、“/”、“∧”、“!”和“⊥”,五自由度分支对应的组合容易得到,如表 3-1 所示。

表 3-1　相邻运动副轴线之间几何关系的组合

序号	几何关系	序号	几何关系	序号	几何关系	序号	几何关系
No. 1	////	No. 6	///∧	No. 11	///+	No. 16	///⊥
No. 2	//∧∧	No. 7	//∧+	No. 12	//∧⊥	No. 17	//∧!
No. 3	//++	No. 8	//+⊥	No. 13	//+!	No. 18	//⊥/
No. 4	//⊥⊥	No. 9	//⊥!	No. 14	//! /	No. 19	//! ∧
No. 5	//!!	No. 10	/∧//	No. 15	/∧/∧	…	…

步骤 2:将字符“R”加到所有组合的每一个相邻几何关系的两边,从而形成分支,如表 3-2 所示。例如,对于组合“//!∧”,添加“R”之后变为分支“R/R/R! R∧R”。

表 3-2　只考虑相邻转动副之间几何关系的五自由度分支

序号	分支	序号	分支	序号	分支	序号	分支
No. 1	R/R/R/R/R	No. 6	R/R/R/R∧R	No. 11	R/R/R/R+R	No. 16	R/R/R/R⊥R
No. 2	R/R/R∧R∧R	No. 7	R/R/R∧R+R	No. 12	R/R/R∧R⊥R	No. 17	R/R/R∧R! R
No. 3	R/R/R+R+R	No. 8	R/R/R+R⊥R	No. 13	R/R/R+R! R	No. 18	R/R/R⊥R/R
No. 4	R/R/R⊥R⊥R	No. 9	R/R/R⊥R! R	No. 14	R/R/R! R/R	No. 19	R/R/R! R∧R
No. 5	R/R/R! R! R	No. 10	R/R∧R/R/R	No. 15	R/R∧R/R∧R	…	…

步骤 3:删除包含冗余 R 副的分支。例如,分支“R/R/R/R/R”包含两个冗余 R 副。

步骤 4:构造球面子链以获得新的分支。例如,新的分支“R/R∧R*R⊥R”可以由“R/R∧R∧R⊥R”构造。

步骤 5:根据定理 1 和定理 2 选择提供一个约束力或约束力偶的分支。

步骤 6:通过添加非相邻关系获得新的分支。根据 2.2 节中的不相邻几何关系的描述,分别添加第一类不相邻几何关系和第二类不相邻几何关系。例如,分支“R+R/R/R+R(1∧)”可以从分支“R+R/R/R+R”获得。

3.1.3 含移动副的五自由度分支综合

3.1.3.1 只含一个移动副的五自由度分支综合

步骤 1:将一个字符“P”插入表 3-1 所示的所有组合的一个几何关系的一边,其余位置全添加字符“R”,从而得到如表 3-3 所示的含一个移动副的五自由度分支。例如,对于组合“//!∧”,可以得到分支 “P/R/R!R∧R”。

表 3-3 含一个移动副的五自由度分支

序号	分支	序号	分支	序号	分支
No. 1	P+R◇R∧R+R	No. 5	R+P◇R∧R+R	No. 9	P◇R/R∧R+R
No. 2	P+R◇R+R+R	No. 6	R+P◇R+R+R	No. 10	P◇R/R+R+R
No. 3	R!P+R◇R!R	No. 7	R!R+P◇R!R	No. 11	R+R+P◇R!R
No. 4	R!R|P+R◇R	No. 8	R!R⊥P+R◇R	…	…

步骤 2:删除包含冗余 R 副的分支。

步骤 3:构造平面子链和球面子链获得新分支。如将字符串中“R∧R∧R”换成“R∧R*R”得到含球面子链的分支,将“R+P+R”换成“R+P◇R”得到含平面子链的分支。

步骤 4:根据定理 1 和定理 2 选择可以提供一个约束力或约束力偶的分支。

3.1.3.2 含多个移动副的五自由度分支综合

含多个移动副的五自由度分支,移动副数目可能是 2 或 3。以含两个移动副的五自由度分支为例,它们的综合如下:

步骤 1:将两个字符“P”插入表 3-1 所示的每个组合中的某两个位置,其他位置全添加字符“R”,从而得到如表 3-4 所示的含两个移动副的五自由度分支。例如,对于组合“+/!∧”,可以得到分支 “P+R/P!R∧R”。

表 3-4 含两个移动副的五自由度分支

序号	分支	序号	分支	序号	分支
No. 1	P+P◇R∧R+R	No. 5	R+P◇P∧R+R	No. 9	P+R◇R∧R+P
No. 2	P+P◇R+R+R	No. 6	R+P◇P+R+R	No. 10	P+R◇R+R+P
No. 3	R!P+R◇P!R	No. 7	R!R+P◇P!R	No. 11	R+R+P◇P!R
No. 4	R!R|P+P◇R	No. 8	R!R⊥P+P◇R	…	…

步骤 2:删除包含冗余 R 副的分支和包含冗余 P 副的分支。

步骤 3:构造平面子链和球面子链获得新分支。如将字符串中“R∧R∧R”换成“R∧R*R”得到含球面子链的分支,将“P+P+R”换成“P+P◇R”得到含平面子链的分支。

步骤 4:根据定理 1 和定理 2 选择提供约束力或约束力偶的五自由度分支。

同理,可以综合含三个移动副的五自由度分支。

3.1.4 五自由度分支数据库

根据互异螺旋之间的几何条件,五自由度分支的约束与运动副轴线之间关系具有一些重要的特征。

对于提供约束力偶的五自由度分支,约束力偶方向由分支中的转动副方向完全确定,即约束力偶是定方向的。

对于提供约束力的五自由度分支,分为如下两种情况:

(1) 如果一个分支包含一个三自由度平面子链,约束力的方向沿着这个平面子链的法向,即约束力是定方向的。进一步,如果余下的两运动副构成一个二自由度球面子链,约束力通过这个子链的交点,即约束力是定位置的。

(2) 如果一个分支包含一个三自由度球面子链,约束力一定过这个子链的交点,即约束力是定位置的。进一步,如果余下的两个运动副构成一个平面子链,那么约束力的方向沿着这个子链的法向,即约束力是定方向的;如果余下的两个运动副构成一个二自由度球面子链,那么约束力的方向沿着这个连接二自由度球面子链交点和三自由度球面子链交点的连线,即约束力是既定方向又定位置的。

分支的约束和运动副轴线之间的这种关系被称为分支的约束特征。一个六维数组 $\{A_1, B_1, C_1, D_1, E_1, F_1\}$ 可以用来表示五自由度分支的约束特征。前三个参数 A_1、B_1 和 C_1 表示约束方向特征,后三个参数 D_1、E_1 和 F_1 表示约束位置特征。

对于提供约束力偶的五自由度分支,只考虑转动副所分布的两个方向,记 $A_1=1, B_1=1, C_1=0$;约束位置 D_1、E_1 和 F_1 都为零。

对于提供约束力的五自由度分支,如果平面子链与静平台相连,则 $A_1=1, B_1=0, C_1=0$;如果平面子链与动平台相连,则 $C_1=1, A_1=0, B_1=0$;如果平面子链在两个平台之间,则 $B_1=1, A_1=0, C_1=0$。如果球面子链与静平台相连,则 $D_1=$

1,$E_1=0$,$F_1=0$;如果球面子链与动平台相连,则 $D_1=0$,$E_1=0$,$F_1=1$;如果球面子链在两个平台之间,则 $D_1=0$,$E_1=1$,$F_1=0$;当球面子链中包含正交关系时,将 D_1、E_1 和 F_1 中等于1的参数变成等于2。

根据综合所得的五自由度分支的字符描述,将分支的约束类型(约束力或约束力偶)以及它们的约束特征存储到数据库中,可以建立如图3-3所示的五自由度分支数据库。

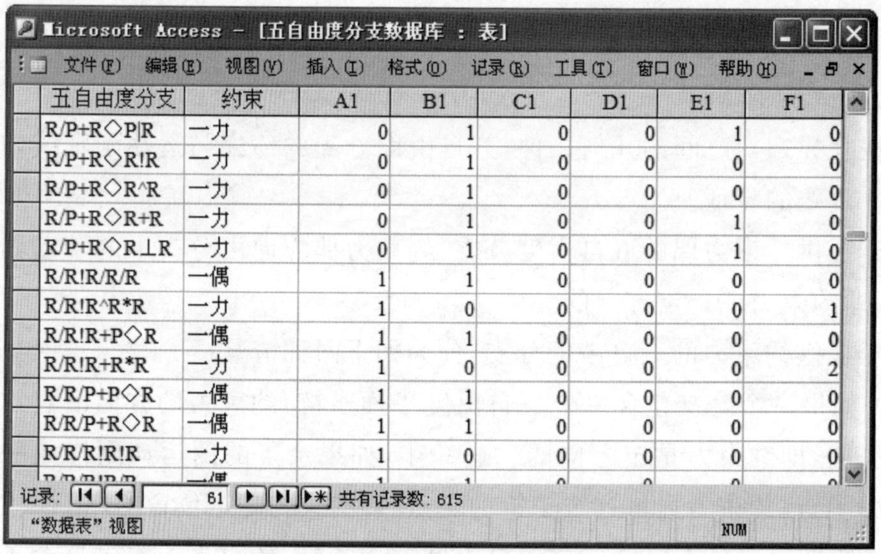

Microsoft Access - [五自由度分支数据库 : 表]

文件(F) 编辑(E) 视图(V) 插入(I) 格式(O) 记录(R) 工具(T) 窗口(W) 帮助(H)

五自由度分支	约束	A1	B1	C1	D1	E1	F1
R/P+R◇P|R	一力	0	1	0	0	1	0
R/P+R◇R!R	一力	0	1	0	0	0	0
R/P+R◇R^R	一力	0	1	0	0	0	0
R/P+R◇R+R	一力	0	1	0	0	1	0
R/P+R◇R⊥R	一力	0	1	0	0	1	0
R/R!R/R/R	一偶	1	1	0	0	0	0
R/R!R^R*R	一力	1	0	0	0	0	1
R/R!R+P◇R	一偶	1	1	0	0	0	0
R/R!R+R*R	一力	1	0	0	0	0	2
R/R/P+P◇R	一偶	1	1	0	0	0	0
R/R/P+R◇R	一偶	1	1	0	0	0	0
R/R/R!R!R	一力	1	0	0	0	0	0

记录: 61 共有记录数: 615

"数据表"视图 NUM

图3-3 五自由度分支数据库

3.2 四自由度分支综合及数据库建立

3.2.1 只提供约束力或约束力偶的几何条件

四自由度分支若要提供两个约束力,一个约束力和一个约束力偶,或两个约束力偶都需要满足一定的几何条件,可以得到如下定理:

定理3 提供两个约束力偶的四自由度分支应满足分支中所有转动副平行。

证明:由于分支中的所有转动副垂直于该分支的约束力偶,与两个力偶垂直的方向只有一个,所以转动副都平行。

定理 4 提供两个约束力的四自由度分支的转动副须分布在三个或三个以上方向，进一步，如果分支中全为转动副，那么分支须包含一个二自由度球面子链、一个三自由度球面子链或一个二自由度平面子链；如果分支含有移动副，那么分支须包含一个二自由度平面子链和一个二自由度球面子链且这两个子链不含共同运动副，或一个(等效)三自由度球面子链。

证明:分支中的转动副须分布在三个或三个以上转动副方向，否则就会提供约束力偶。不失一般性，当分支中全部为转动副时，四自由度分支分为如下几种类型：

类型 1:一般地，包含一个二自由度球面子链的四自由度分支如图 3-4(a)所示，R_1 的轴线 L_1 与 R_2 的轴线 L_2 构成一个平面 γ_1，这个平面与 R_3 的轴线 L_3 和 R_4 的轴线 L_4 分别相交于点 A 和点 B。直线 AB 与四个转动副轴线共面。直线 L_1 和 L_2 的交点 C 和 L_3 构成一个平面 γ_2，这个平面与 L_4 相交于点 D，则直线 CD 与四个 R 副(转动副)共面。

类型 2:一般地，包含一个三自由度球面子链的四自由度分支如图 3-4(b)所示，过球面子链的交点作平行于 L_1 的直线 L_2，那么 L_2 与四个转动副分别共面。连接球面子链交点与直线 L_1 上任意一点形成直线 L_3，那么 L_3 与四个转动副分别共面。

类型 3:一个二自由度平面子链的四自由度分支如图 3-4(c)所示，其中 R_1 和 R_2 构成二自由度平面子链，R_1 的轴线 L_1 与 R_2 的轴线 L_2 构成一个平面 γ_1，这个平面与 R_3 的轴线 L_3 和 R_4 的轴线 L_4 分别相交于点 A 和点 B，直线 AB 与四个转动副轴线共面。过 R_3 的轴线 L_3 上一点 C 作一条直线 L_5 使其平行于 R_2 的轴线 L_2。直线 L_3 和 L_5 构成平面 γ_2，这个平面与 R_4 的轴线 L_4 相交于一点 D。在平面 γ_2 上过点 D 作一条直线 L_6 平行于 L_5。那么 L_6 与 R_3 和 R_4 的轴线相交并平行于 R_1 和 R_2 的轴线。因此，线矢量 L_6 与四个转动副是共面的。因此，该分支可以提供两个约束力。

对于不满足上述条件的分支，如图 3-4(d)所示，容易证明它不能提供两个约束力。

对于含有移动副的四自由度分支，如果仅仅含一个二自由度平面子链或二自由度球面子链，例如图 3-5(a)所示的分支，R_3 与 P_4 构成一个二自由度平面子链，根据互异螺旋的几何关系，容易判断该分支不能提供两个约束力。当同时含有一个二自由度平面子链和一个二自由度球面子链且这两个子链不含共同运动副，在

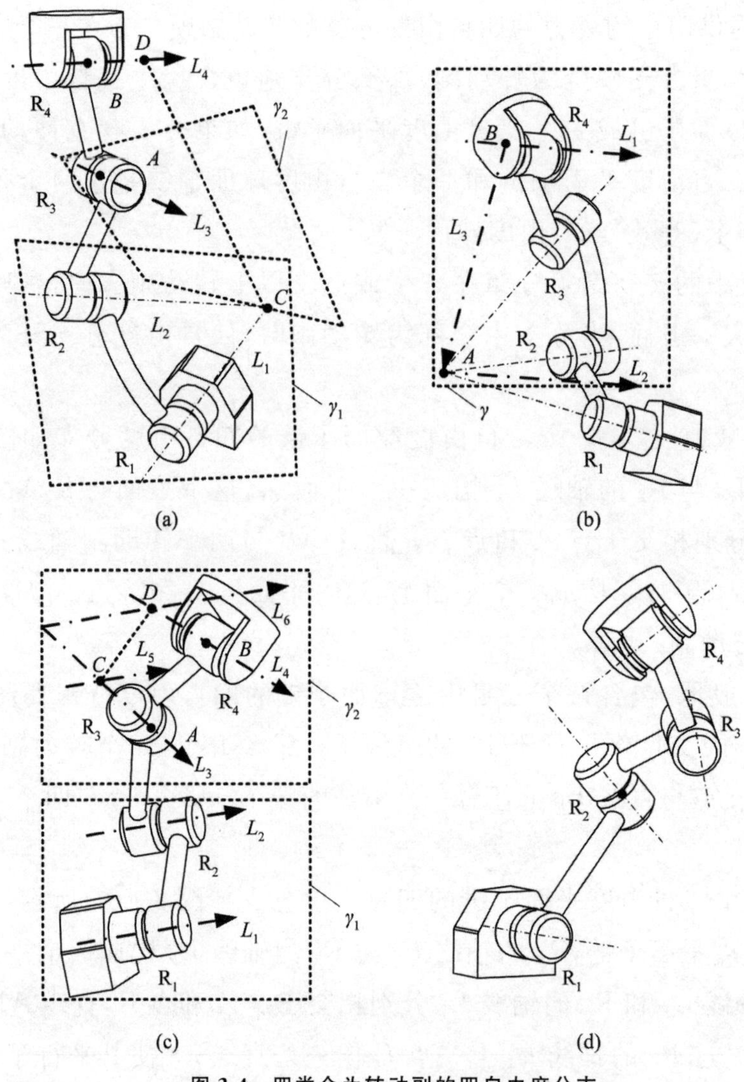

图 3-4　四类全为转动副的四自由度分支

(a)类型 1;(b)类型 2;(c)类型 3;(d)类型 4

图 3-5(b)所示的分支中,分支能提供两个约束力。

对于含有移动副的四自由度分支,如果含有三自由度球面子链或等效球面子链,容易判断这样的分支能提供两个约束力,例如图 3-5(c)所示的分支中,R_1、R_2、R_4 构成一个等效的三自由度球面子链,该分支能提供两个约束力。

定理 5　提供一个约束力和一个约束力偶的四自由度分支应满足转动副只分布在两个不同的方向。

证明:要提供一个约束力偶,则转动副必然只分布在两个方向。只需证明转动副只分布在两个方向的分支,另一个约束是约束力即可。

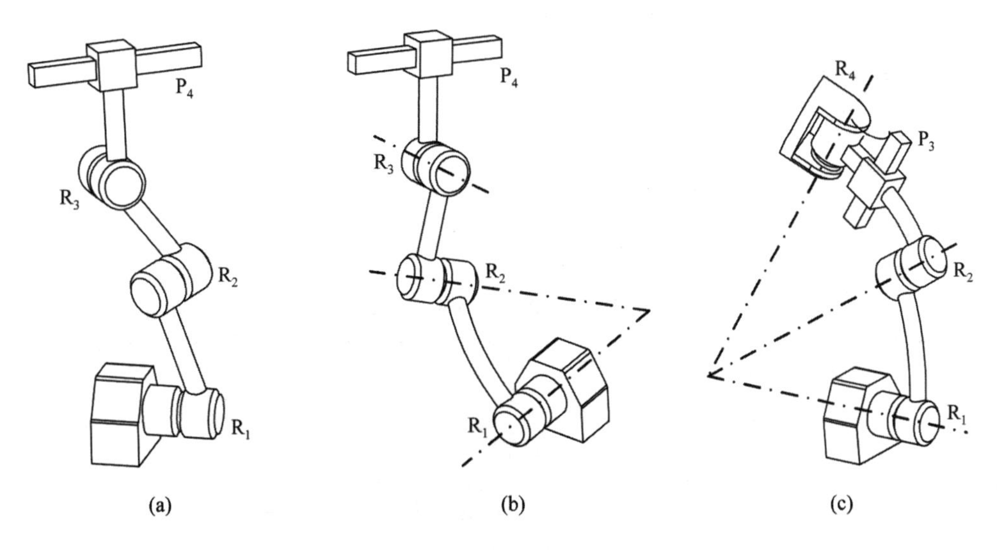

图 3-5 三类含移动副的四自由度分支

(a)类型一;(b)类型二;(c)类型三

一般地,如图 3-6 所示的一个四自由度分支,它的转动副分布在两个方向,即该分支由两个二自由度平面子链构成。

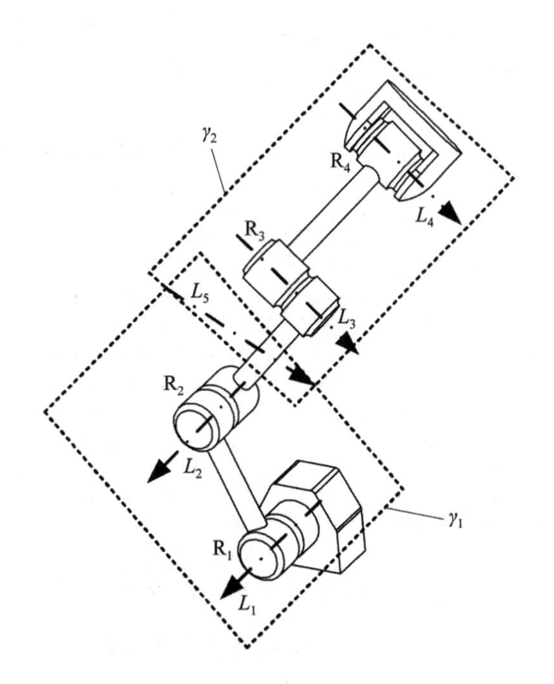

图 3-6 "R/R! R/R"分支

R_1 的轴线 L_1 与 R_2 的轴线 L_2 构成一个平面 γ_1,R_3 的轴线 L_3 和 R_4 的轴线 L_4 构成一个平面 γ_2,直线 L_5 是这两个平面的交线,它与 4 个 R 副均共面,因此,该分支可提供一个约束力。

3.2.2 只含转动副的四自由度分支综合

第 1 步:生成相邻运动副轴线之间几何关系的所有组合,如表 3-5 所示。每两个相邻的 R 副的几何关系可能是“+”、“/”、“∧”、“!”和“⊥”。

表 3-5 相邻几何关系的组合

序号	几何关系	序号	几何关系	序号	几何关系	序号	几何关系
No. 1	///	No. 6	//∧	No. 11	//+	No. 16	//⊥
No. 2	/∧∧	No. 7	/∧+	No. 12	/∧⊥	No. 17	/∧!
No. 3	/++	No. 8	/+⊥	No. 13	/+!	No. 18	/⊥/
No. 4	/⊥⊥	No. 9	/⊥!	No. 14	/! /	No. 19	/! ∧
No. 5	/!!	No. 10	/∧/	No. 15	∧∧∧	…	…

第 2 步:将字符“R”加到所有组合的每一个相邻几何关系的两边以构成分支,如表 3-6 所示。例如,对于组合“//!”,添加“R”之后分支表示为“R/R/R! R”。

表 3-6 只考虑相邻转动副之间几何关系的四自由度分支

序号	几何关系	序号	几何关系	序号	几何关系	序号	几何关系
No. 1	R/R/R/R	No. 6	R/R/R∧R	No. 11	R/R/R+R	No. 16	R/R/R⊥R
No. 2	R/R∧R∧R	No. 7	R/R∧R+R	No. 12	R/R∧R⊥R	No. 17	R/R∧R! R
No. 3	R/R+R+R	No. 8	R/R+R⊥R	No. 13	R/R+R! R	No. 18	R/R⊥R/R
No. 4	R/R⊥R⊥R	No. 9	R/R⊥R! R	No. 14	R/R! R/R	No. 19	R/R! R∧R
No. 5	R/R! R! R	No. 10	R/R∧R/R	No. 15	R∧R∧R∧R	…	…

第 3 步:通过将 3 个依次相交或正交的转动副改成球面子链获得新的分支。例如,新的分支“R/R∧R * R”可以由“R/R∧R∧R”获得。

第 4 步:删除包含冗余 R 副的分支。例如,分支“R/R/R/R”含一个冗余 R 副。

第 5 步:根据定理 3、定理 4 和定理 5 选择只提供约束力或约束力偶的四自由度分支。

3.2.3　含移动副的四自由度分支综合

与综合含一个移动副的五自由度分支类似，在表3-5所示几何关系两边的某个位置插入字符“P”，其余位置插入字符“R”，继续完成后续步骤，根据定理3、定理4和定理5选择仅提供约束力或约束力偶的分支。同理，可以综合含多个移动副的四自由度分支。

3.2.4　四自由度分支数据库

可以用两个六维数组$\{A_i, B_i, C_i, D_i, E_i, F_i\}(i=1, 2)$描述一个四自由度分支的约束特征。每个数组的前三个参数A_i、B_i和C_i表示约束方向特征，每个数组的后三个参数C_i、D_i和E_i表示约束位置特征。最后，根据综合出的四自由度分支和它们的约束特征，可以建立四自由度分支数据库，如图3-7所示。

Microsoft Access - [四自由度分支数据库 : 表]

文件(F)　编辑(E)　视图(V)　插入(I)　格式(O)　记录(R)　工具(T)　窗口(W)　帮助(H)

四自由度分支	约束	A1	B1	C1	D1	E1	F1	A2	B2	C2	D2	E2	F2
P△R!R/R	一力和一偶	0	0	0	0	0	0	1	1	0	0	0	0
P△R!R^R	两力	1	0	0	0	0	1	0	0	0	0	0	0
P△R!R+R	两力	1	0	0	0	0	2	0	0	0	0	0	0
P△R!R△P	一力和一偶	0	0	0	0	0	0	1	1	0	0	0	0
P△R^R/R	一力和一偶	0	0	0	0	0	0	1	1	0	0	0	0
P△R^R^R	两力	1	0	0	0	0	1	0	0	0	0	0	0
P△R^R+R	两力	1	0	0	0	0	2	0	0	0	0	0	0
P△R^R△P	一力和一偶	0	0	0	0	0	0	1	1	0	0	0	0
P△R+R/R	一力和一偶	0	0	0	0	0	0	1	1	0	0	0	0
P△R+R^R	两力	1	0	0	0	0	1	0	0	0	0	0	0
P△R+R+R	两力	1	0	0	0	0	2	0	0	0	0	0	0
P△R+R△P	一力和一偶	0	0	0	0	0	0	1	1	0	0	0	0

记录: 51　共有记录数: 182

“数据表”视图　NUM

图3-7　四自由度分支数据库

3.3　三自由度分支综合及数据库建立

3.3.1　只提供约束力或约束力偶的几何条件

三自由度分支提供三个约束，这三个约束分为四种情况：三个约束力，三个约束力偶，两个约束力和一个约束力偶，一个约束力和两个约束力偶。

定理 6 提供三个约束力的三自由度分支只含三个互不平行的转动副；提供三个约束力偶的三自由度分支只含三个互不平行的移动副。

定理 7 提供两个约束力和一个约束力偶的三自由度分支的转动副只分布在两个方向；提供一个约束力和两个约束力偶的三自由度分支的转动副只沿着一个方向。

参照定理 1、定理 2、定理 3、定理 4 和定理 5 的证明，定理 6 和定理 7 的证明很容易完成。

3.3.2 三自由度分支数据库

可以用三个六维数组 $\{A_i, B_i, C_i, D_i, E_i, F_i\}(i=1, 2, 3)$ 描述一个三自由度分支的约束特征。每个数组的前三个参数 A_i、B_i 和 C_i 表示约束方向特征，每个数组的后三个参数 C_i、D_i 和 E_i 表示约束位置特征。可以建立三自由度分支数据库，如图 3-8 所示。

Microsoft Access - [三自由度分支数据库 : 表]

文件(F) 编辑(E) 视图(V) 插入(I) 格式(O) 记录(R) 工具(T) 窗口(W) 帮助(H)

三自由度分支	约束	A1	B1	C1	D1	E1	F1	A2	B2	C2	D2	E2	F2	A3	B3	C3	D3	E3	F3
P△R+R	两力和一偶	0	1	0	0	0	1	0	0	0	1	0	1	0	1	1	0	0	0
R!P△P	一力和两偶	0	0	1	1	0	0	1	0	1	0	0	0	1	0	1	0	0	0
R!R!R	三力	1	0	1	1	0	0	1	0	0	0	0	0	1	0	1	0	0	0
R!R/R	两力和一偶	0	0	1	1	0	0	0	0	0	0	0	0	1	0	1	0	0	0
R!R^R	三力	1	0	0	0	0	1	0	0	0	0	0	0	0	0	0	0	0	1
R!R+R	三力	1	0	0	0	0	1	0	0	0	0	0	0	0	0	0	0	0	1
R!R⊥R	三力	1	0	1	1	0	0	1	0	0	0	0	0	1	0	1	0	0	0
R/R!R	两力和一偶	1	0	0	0	1	0	0	0	1	0	0	0	1	0	1	0	0	0
R/R/R	三偶	1	0	0	1	0	0	1	0	1	0	0	0	1	0	0	0	0	0
R/R^R	一力和两偶	1	0	0	0	0	1	0	0	0	0	0	1	1	0	1	0	0	0
R/R+R	一力和两偶	1	0	0	0	0	1	0	0	0	0	0	1	1	0	1	0	0	0
R/R⊥R	一力和两偶	1	0	0	0	1	0	0	0	1	0	0	0	1	0	1	0	0	0

记录: 23 共有记录数: 30

"数据表" 视图 NUM

图 3-8 三自由度分支数据库

4 空间并联机构数字化构型综合

在过去的几十年,少自由度空间并联机构的构型综合一直是研究的热点和难点。根据自由度性质,可以将常用的少自由度空间并联机构分为九大类:两转一移、两移一转、三移和三转四种三自由度,两转两移、三转一移和三移一转三种四自由度,三转两移和三移两转两种五自由度。刘辛军等[91]根据3-PPS并联机构设计了一种主轴头。李秦川等[92, 93]基于位移子群综合了没有伴随运动的两转一移并联机构和三移并联机构。杨廷力等[94]基于单开链单元综合了三移并联机构。Kong和Gosselin等[95-97]基于虚拟链综合了多种三自由度并联机构。Fang和Tsai[98]用约束综合法综合了三转并联机构。Kong和Gosselin[99, 100]采用虚拟链的方法对三转一移和三移一转并联机构进行了综合。金琼等[101]基于单开链单元综合了三移一转并联机构。Guo等[102]基于螺旋理论综合出一些非过约束四自由度并联机构。李秦川[70]系统地综合了对称的四自由度和五自由度并联机构。朱思俊等[103]综合了18种有较好驱动模式的对称五自由度并联机构。

然而,相关的文献主要采用手工方式对并联机构进行构型综合,数字化的构型综合方法尚未被开发,非对称并联机构没有被系统地综合。

4.1 空间并联机构的数字化构型综合原理

在一个并联机构中,分支施加在动平台上的约束和不同分支提供的约束之间的几何关系构成了该机构的约束模式。反之,当给定某个并联机构的约束模式后,该机构中每个分支提供的约束以及不同分支提供的约束之间的几何关系都被确定。

以建立的分支数据库为基础，这里提出一个便于计算机程序实现的并联机构数字化构型综合方法，步骤如下：

步骤 1：给定希望的输出自由度性质。

步骤 2：确定动平台受到的独立约束力和独立约束力偶。

步骤 3：根据线矢（量）或偶量线性组合产生新线矢或新偶量的几何条件对独立约束之间的各种几何关系进行分类。

步骤 4：按照如下步骤确定独立约束在每类几何关系下的可行约束模式。

(1) 列举分支的约束类型。一个分支提供的约束可能是某个或某几个独立约束，也可能是独立约束通过线性组合产生的新约束力或约束力偶，也可能不提供约束。

(2) 用程序生成总的约束模式。

(3) 筛选可行约束模式。从总的约束模式中删除物理意义重复的约束模式和不可行约束模式，剩下的即为可行约束模式。

步骤 5：按照如下步骤综合每个可行约束模式下的并联机构构型。

(1) 确定可行约束模式中每个分支的约束特征和不同分支的约束之间的几何关系。

(2) 根据分支的约束特征，从分支数据库中选择相应的分支。

(3) 生成所选分支的全部组合。

(4) 根据不同分支提供的约束之间的几何关系，确定每个分支组合中与平台相连运动副（或子链）之间的装配限定条件。

(5) 遍历分支与平台相连的运动副（子链）与平台的装配关系。先选择参考分支，遍历该分支中与平台相连的运动副（子链）与平台的装配关系，进一步根据装配限定条件，确定其他分支中与平台相连的运动副（子链）与平台的装配关系。

(6) 判定综合结果是否具有全周自由度。如果分支中与平台相连的运动副（子链）完全确定分支的约束方向和约束位置，那么可直接确定综合出的机构具有全周自由度。反之，则利用第 2 章中提出的并联机构的全周自由度自动分析方法验证。

步骤 6：将综合出来的具有全周自由度的并联机构构型存储到数据库中。

4.2　线矢和偶量在特殊几何条件下的线性组合

在如下几种特殊几何关系条件下，线矢或偶量线性组合将产生新的线矢或偶量：

(1) 两个平行线矢的线性组合将产生新的平行于它们的线矢。如图 4-1(a)所示，平行线矢 $\$_1$ 和 $\$_2$ 组合可以得到 $\$_3$。

(2) 两个相交线矢的线性组合将产生过交点的新线矢。如图 4-1(b)所示，相交线矢 $\$_1$ 和 $\$_2$ 组合可以得到 $\$_3$。

(3) 一个线矢和一个与之垂直的偶量的线性组合将产生一个新的平行于它的线矢。如图 4-1(c)所示，相互垂直的线矢 $\$_1$ 和偶量 $\$_2$ 组合可以得到平行于 $\$_1$ 的新线矢 $\$_3$。

(4) 两个偶量的组合将产生新的偶量。如图 4-1(d)所示，两个偶量 $\$_1$ 和 $\$_2$ 组合得到新的偶量 $\$_3$。

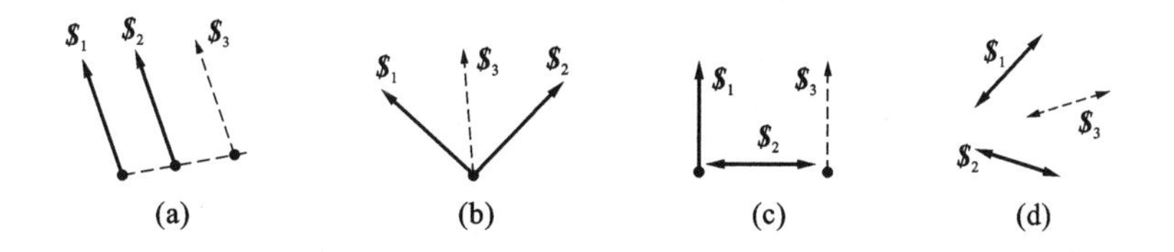

图 4-1　线性组合产生新线矢或偶量的几何条件

(a)平行线矢；(b)相交线矢；(c)垂直的线矢和偶量；(d)两个偶量

4.3　两转一移并联机构的数字化构型综合

对于两转一移并联机构，动平台受到的独立约束为两个约束力和一个约束力偶，分别表示为 $\$^r_{F_1}$、$\$^r_{F_2}$ 和 $\$^r_{C_1}$。一般几何关系下，三个约束相互异面，它们的线性组合不能产生新的约束力或约束力偶。存在如下四类特殊几何关系：(a)约束力偶垂直于一个约束力；(b)约束力偶垂直于两个约束力；(c)两个相交的约束力；(d)约束力偶垂直于两个相交的约束力。在每种特殊几何关系条件下，独立约束的线性组合会产生新的约束力或约束力偶。因此，三个独立约束之间的几何关系可以分为如表 4-1 所示的五类。

表 4-1 三个独立约束之间的几何关系

一般几何关系	力偶垂直于一个力	力偶垂直于两个力	两个相交力	力偶垂直于两个相交力

4.3.1 一般几何关系下的可行约束模式

建立如图 4-2 所示的坐标系，三个独立的约束可以表示为：

$$\begin{cases} \$_{F_1}^r = (0 \quad 0 \quad 1; \quad d_1 \quad e_1 \quad 0) \\ \$_{F_2}^r = (a_2 \quad b_2 \quad c_2; \quad 0 \quad 0 \quad 0) \\ \$_{C_1}^r = (0 \quad 0 \quad 0; \quad a_3 \quad b_3 \quad c_3) \end{cases} \tag{4-1}$$

用来构建两转一移并联机构的分支可能只提供一个约束，该约束的类型可能是

$$A = \$_{F_1}^r;\ B = \$_{F_2}^r;\ C = \$_{C_1}^r \tag{4-2}$$

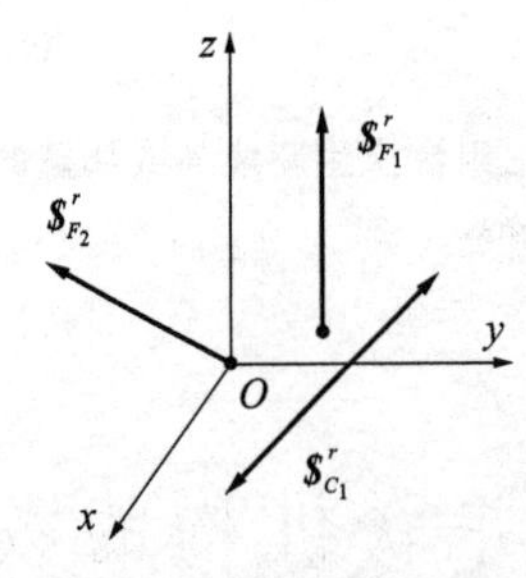

图 4-2 一般几何关系下的三个约束表示

用来构建两转一移并联机构的分支可能提供两个约束，该约束的类型可能是

$$\begin{cases} D = AB = \$_{F_1}^r \vee \$_{F_2}^r \\ E = AC = \$_{F_1}^r \vee \$_{C_1}^r \\ F = BC = \$_{F_2}^r \vee \$_{C_1}^r \end{cases} \tag{4-3}$$

式中 $\vee$ ——并运算。

用来构建两转一移并联机构的分支可能提供三个约束，只有一种约束类型：

$$G = ABC = \boldsymbol{\$}^r_{F_1} \vee \boldsymbol{\$}^r_{F_2} \vee \boldsymbol{\$}^r_{C_1} \tag{4-4}$$

分支还可能不提供约束，记约束类型为

$$H = \boldsymbol{O} \tag{4-5}$$

两转一移并联机构提供约束的分支可能是三个、两个或一个，因此，可以根据约束分支的数目，分类分析两转一移并联机构的可行约束模式。

4.3.1.1 三个约束分支时的可行约束模式

如果构建两转一移并联机构的三个分支都提供约束，那么每个分支提供的约束类型可能是 A、B、C、D、E、F 和 G。因此，容易得到三个分支都提供约束时，并联机构对应的全部约束模式如表 4-2 所示。

表 4-2 三个约束分支时的总约束模式

序号	约束模式	序号	约束模式	序号	约束模式	序号	约束模式
No. 1	*AAA*	No. 5	*AAB*	No. 9	*AAC*	No. 13	*AAD*
No. 2	*ABB*	No. 6	*ABC*	No. 10	*ABD*	No. 14	*ABE*
No. 3	*ACC*	No. 7	*ACD*	No. 11	*ACE*	No. 15	*ACF*
No. 4	*AGG*	No. 8	*BAA*	No. 12	*BAB*	…	…

在全部约束模式中，一些约束模式对应相同物理意义，这是由两个原因造成的：

(1) 排列顺序的不同。例如，对于约束模式 ABC、BAC 和 CAB，后面两个模式与第一个的物理意义是重复的，应该被删掉。

(2) 标记符号对应相同物理意义。例如，约束模式 EBB 和 FAA 都表示第一个分支提供一个约束力和一个约束力偶，第二个分支提供一个约束力，第三个分支提供一个约束力且与第二个分支提供的约束力共线，所以 EBB 和 FAA 具有相同的物理意义，其中一个应该删掉。

在全部约束模式中，有一些约束模式是不可行的，分为两类：

(1) 没有包含三个独立约束对应的约束类型 A、B 和 C 的约束模式。例如，对于约束模式 ABD，由于 D 相当于 AB，那么该模式没包含 C，意味着自由度性质不是两转一移，所以约束模式 ABD 是不可行的。

(2) 对应不合理构型的约束模式。四自由度分支和三自由度分支都提供多个约束，然而不是每个约束都有确定的方向和位置。当约束模式中要求的不同约束的方向之间或不同约束的位置之间的关系不能被分支的约束满足时，该约束模式对应着不合理的构型，应该被删除。例如模式 *DEF* 和 *DEG* 等。

删掉物理意义重复的约束模式和不可行约束模式，得到表 4-3 所示的可行约束模式。

表 4-3　三个约束分支时的可行约束模式

约束模式	示意图	约束模式	示意图	约束模式	示意图	约束模式	示意图
ABC	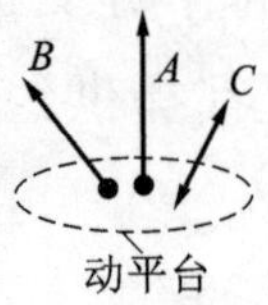 动平台	*BBE*	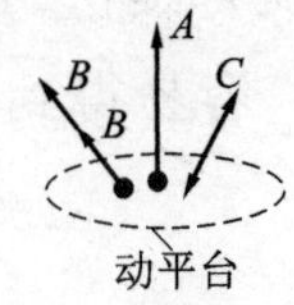 动平台	*BEE*	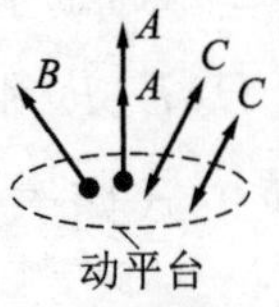 动平台	*ADE*	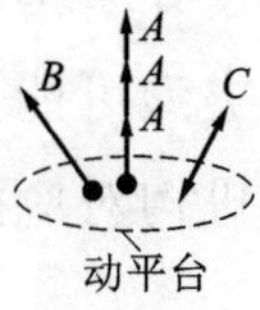 动平台
ACD	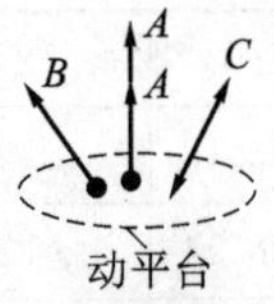 动平台	*BCE*	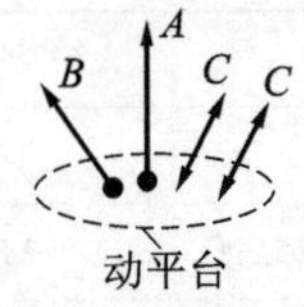 动平台	*CDE*	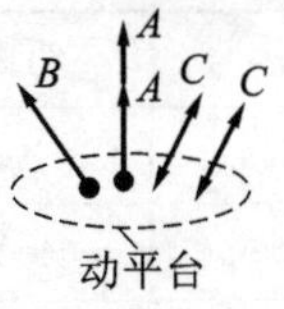 动平台		
CCD	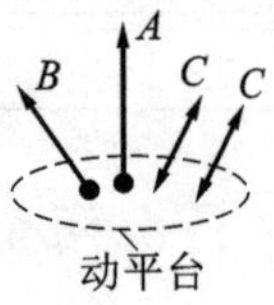 动平台	*CEF*	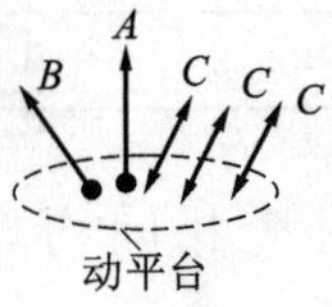 动平台	*DEE*	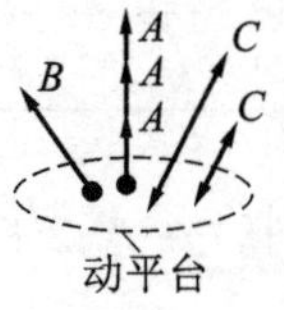 动平台		

4.3.1.2　两个或一个约束分支时的可行约束模式

如果只有两个分支提供约束，则另一个分支的约束类型是 *H* 型，对应的全部约束模式如表 4-4 所示。删掉物理意义重复的约束模式和不可行约束模式，得到五种可行约束模式，即 *CDH*、*AEH*、*DEH*、*DFH* 和 *EFH*。

表 4-4　两个约束分支时的总约束模式

序号	约束模式	序号	约束模式	序号	约束模式	序号	约束模式	序号	约束模式
No. 1	*AAH*	No. 4	*ABH*	No. 7	*ACH*	No. 10	*ADH*	No. 13	*AEH*
No. 2	*AGH*	No. 5	*BAH*	No. 8	*BBH*	No. 11	*BCH*	No. 14	*BDH*
No. 3	*BFH*	No. 6	*BGH*	No. 9	*CAH*	No. 12	*CBH*	…	…

只有一个分支提供约束，只有一种可行约束模式 *GHH*。最终，只有两个或一个约束分支时，可行约束模式如表 4-5 所示。

表 4-5　一个或两个约束分支时的可行约束模式

约束模式	示意图	约束模式	示意图	约束模式	示意图
CDH	B A C H 动平台	*DEH*	B B A C H 动平台	*EFH*	B A C C H 动平台
AEH	B A C H 动平台	*DFH*	B A A C H 动平台	*GHH*	B A C H H 动平台

4.3.2　特殊几何关系下的可行约束模式

独立约束在特殊几何关系下，构建并联机构的分支可以是新的约束类型，从而可能产生新的可行约束模式。建立坐标系后，四种特殊几何关系分别如图 4-3(a)、(b)、(c)和(d)所示。

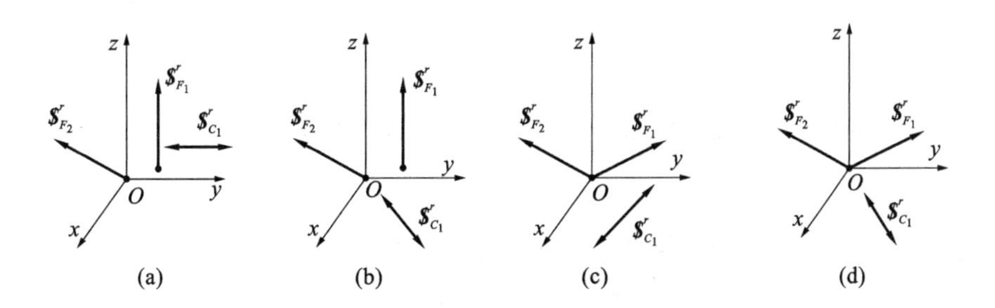

图 4-3　特殊几何关系下的三个约束表示

(a)特殊关系一；(b)特殊关系二；(c)特殊关系三；(d)特殊关系四

4.3.2.1　约束力偶垂直于一个约束力条件下的可行约束模式

对于图 4-3(a)所示的三个独立约束，它们可以表示为

$$\begin{cases} \$^r_{F_1} = (0 \quad 0 \quad 1; \quad d_1 \quad e_1 \quad 0) \\ \$^r_{F_2} = (a_2 \quad b_2 \quad c_2; \quad 0 \quad 0 \quad 0) \\ \$^r_{C_1} = (0 \quad 0 \quad 0; \quad a_3 \quad b_3 \quad 0) \end{cases} \tag{4-6}$$

构建两转一移并联机构的分支除了具有式(4-2)、式(4-3)、式(4-4)和式(4-5)所示的约束类型 A、B、C、D、E、F、G 和 H 外，还存在一个新的约束类型：

$$I = \$^r_{F_1} \oplus \$^r_{C_1} = (0 \quad 0 \quad 1; \quad d_i \quad e_i \quad 0) \tag{4-7}$$

式中 $\oplus$ ——线性组合。

约束类型 I 表示平行于 $\$^r_{F_1}$ 的一个约束力。至少一个分支提供 I 型约束的总的约束模式如表 4-6 所示，删掉其中物理意义重复的约束模式和不可行约束模式，得到三个可行约束模式 IAB、IAD 和 IID，它们的示意图如表 4-7 所示。

表 4-6 至少一个分支提供 I 型约束的总的约束模式

序号	约束模式	序号	约束模式	序号	约束模式	序号	约束模式	序号	约束模式
No. 1	*IAA*	No. 4	*IAB*	No. 7	*IAC*	No. 10	*IAD*	No. 13	*IAE*
No. 2	*IBG*	No. 5	*ICA*	No. 8	*ICB*	No. 11	*ICC*	No. 14	*ICD*
No. 3	*IDF*	No. 6	*IDG*	No. 9	*IEA*	No. 12	*IEB*	…	…

表 4-7 可行约束模式 IAB、IAD 和 IID

约束模式	示意图	约束模式	示意图	约束模式	示意图
IAB	A, I, B, 动平台	*IAD*	A, A, I, B, 动平台	*IID*	A, I, I, B, 动平台

4.3.2.2 约束力偶垂直于两个约束力条件下的可行约束模式

对于图 4-3(b)所示的三个独立约束，它们可以表示为

$$\begin{cases} \$^r_{F_1} = (0 \quad 0 \quad 1; \quad d_1 \quad e_1 \quad 0) \\ \$^r_{F_2} = (a_2 \quad b_2 \quad c_2; \quad 0 \quad 0 \quad 0) \\ \$^r_{C_1} = (0 \quad 0 \quad 0; \quad b_2 \quad -a_2 \quad 0) \end{cases} \tag{4-8}$$

可以得到分支新约束类型有

$$\begin{cases} J = \$^r_{F_2} \oplus \$^r_{C_1} = (0 \quad 0 \quad 1; \quad d_j \quad e_j \quad 0) \\ K = \$^r_{F_1} \oplus \$^r_{F_2} \oplus \$^r_{C_1} = (a_k \quad b_k \quad c_k; \quad d_k \quad e_k \quad f_k) \end{cases} \tag{4-9}$$

其中 $(a_k, b_k, c_k) \times (d_k, e_k, f_k) = 0$。$K$ 型约束是由 $\$^r_{F_1}$、$\$^r_{F_2}$ 和 $\$^r_{C_1}$ 的线性组合得到的一个与 $\$^r_{F_1}$ 和 $\$^r_{F_2}$ 异面的约束力，但满足这三个约束力平行于同一平面。

实际上，J 型约束和 I 型约束有相同的物理意义，所以 J 型约束不能产生新的可行约束模式。K 型约束得到一个可行约束模式 ABK，如图 4-4 所示，它由三个分布在三个平行平面上的约束力构成。

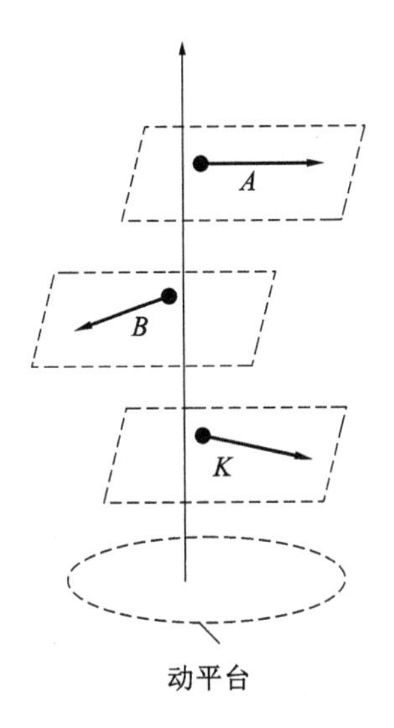

图 4-4　约束模式 ABK 的示意图

4.3.2.3　两个相交约束力条件下的可行约束模式

对于图 4-3(c)所示的三个独立约束，它们可以表示为

$$\begin{cases} \$_{F_1}^r = (a_1 \quad b_1 \quad c_1;\quad 0 \quad 0 \quad 0) \\ \$_{F_2}^r = (a_2 \quad b_2 \quad c_2;\quad 0 \quad 0 \quad 0) \\ \$_{C_1}^r = (0 \quad 0 \quad 0;\quad a_3 \quad b_3 \quad c_3) \end{cases} \tag{4-10}$$

可以得到分支有一个新约束类型：

$$L = \$_{F_1}^r \oplus \$_{F_2}^r = (a_l \quad b_l \quad c_l;\quad 0 \quad 0 \quad 0) \tag{4-11}$$

L 型约束是一个与 $\$_{F_1}^r$ 和 $\$_{F_2}^r$ 共面的约束力，通过分析，它不产生新的可行约束模式。

4.3.2.4　约束力偶垂直于两个相交约束力条件下的可行约束模式

对于图 4-3(d)所示的三个独立约束，它们可以表示为

$$\begin{cases} \$_{F_1}^r = (0 \quad b_1 \quad c_1;\quad 0 \quad 0 \quad 0) \\ \$_{F_2}^r = (0 \quad b_2 \quad c_2;\quad 0 \quad 0 \quad 0) \\ \$_{C_1}^r = (0 \quad 0 \quad 0;\quad 1 \quad 0 \quad 0) \end{cases} \tag{4-12}$$

可以得到分支有一个新的约束类型：

$$M = \$_{F_1}^r \oplus \$_{F_2}^r \oplus \$_{C_1}^r = (a_m \quad b_m \quad c_m;\quad d_m \quad e_m \quad f_m) \tag{4-13}$$

其中 $(a_m, b_m, c_m) \times (d_m, e_m, f_m) = 0$。$M$ 型约束是一个与 $\$_{F_1}^r$ 和 $\$_{F_2}^r$ 在同一平面的约束力。可以得到一个新的约束模式 ABM，如图 4-5 所示，它由同一平面上不汇交的三个约束力构成。

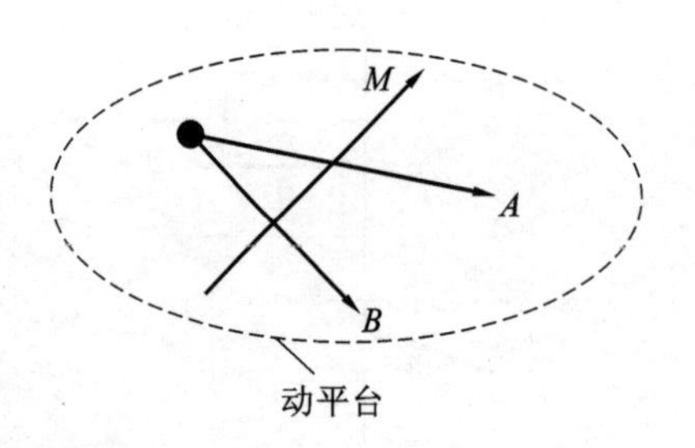

图 4-5 约束模式 ABM 的示意图

4.3.3 可行约束模式下的构型综合

以可行约束模式 ABC 为例，相应的两转一移并联机构由三个分支构建，其中一个分支提供一个约束力，另一个分支也提供一个约束力，第三个分支提供一个约束力偶。提供约束力的分支的约束特征可以是{1 0 0 0 0 1}、{0 0 1 1 0 0}等。提供约束力偶的分支的约束特征为{1 1 0 0 0 0}。以提供约束力的分支的约束特征为{1 0 0 0 0 1}和提供约束力偶的分支的约束特征为{1 1 0 0 0 0}的综合为例：

步骤 1：从分支数据库中选择这两种分支，分别如表 4-8 和表 4-9 所示。

表 4-8 提供一个约束力的分支

序号	分支	序号	分支	序号	分支
No. 1	R△P/R∧R＊R	No. 4	R△P+R∧R＊R	No. 7	R△P∧R∧R＊R
No. 2	P△P/R∧R＊R	No. 5	P△R/R∧R＊R	No. 8	P△R+R∧R＊R
No. 3	R/R/R⊥R∧R	No. 6	R/R/R! R∧R	…	…

表 4-9 提供一个约束力偶的分支

序号	分支	序号	分支	序号	分支
No. 1	R/R/R∧R/R	No. 4	R/R/R+R/R	No. 7	R/R/R⊥R/R
No. 2	R/R⊥R/R/R	No. 5	R/R! R/R/R	No. 8	P+R◇R∧R/R
No. 3	R+P◇R! R/R	No. 6	R+P◇R! R△P	…	…

步骤 2：生成任意两个提供约束力的分支和一个提供约束力偶的分支的组合如表 4-10 所示。

表 4-10　分支的组合

序号	分支组合
No. 1	R/R/R∧R∧R～R/R/R+R∧R～R/R/R∧R/R
No. 2	R/R/R∧R∧R～R/R/R+R∧R～R/R/R⊥R/R
No. 3	R/R/R∧R∧R～R/R/R⊥R∧R～R/R∧R/R/R
No. 4	R/R/R∧R∧R～R/R/R+R∧R～P+R◇R! R/R
…	…

步骤 3：由于两个约束力不能平行，所以装配限定条件：两个提供约束力的分支中与静平台相连的平面子链的法线不能平行。

步骤 4：对于每个组合，首先选择一个提供约束力的分支为参考分支，该分支与静平台相连的平面子链的法线可能平行于(/)、垂直于(+)或相交于(∧)平台，之后依次遍历余下两个分支在平台上的装配。只需保证两个提供约束力的分支的平面子链的法线不平行即可。

步骤 5：由于与平台相连的运动副(子链)完全确定了分支的约束方向和约束位置，这些约束之间的相对几何关系不会改变，综合的构型直接具有全周自由度。

类似地，可以综合出其他情况。综合出的并联机构以及一些结构特征，如相同分支的数目、过约束的数目、约束分支的数目被存储到一个数据库中，如图 4-6 所示。

Microsoft Access - [两转一移空间并联机构构型数据库 : 表]

文件(F) 编辑(E) 视图(V) 插入(I) 格式(O) 记录(R) 工具(T) 窗口(W) 帮助(H)

构型	相同分支数	过约束数	约束分支数	约束模式
3(1/2!3)-/R+P◇R!R!R^~/R/R!R^R^~	0	1	3	ACD
3(1/2!3)-/R+P◇R!R!R^~/R/R!R^R^~	0	1	3	ACD
3(1/2!3)-2/R/R/R^R/R^~/R/R^R*R^-3(	2	1	3	CCD
3(1/2!3)-2/R/R/R^R/R^~/R/R+R*R^-3(	2	1	3	CCD
3(1/2!3)-2/R/R/R^R/R^~/R^R^R*R^-3(	2	1	3	CCD
3(1/2!3)-2/R/R/R^R/R^~/R^R*R/R^-3(	2	1	3	CCD
3(1/2!3)-2/R/R/R^R/R^~/R^R*R^R^-3(	2	1	3	CCD

记录：7444 共有记录数：66204

"数据表"视图　CAPS　NUM

图 4-6　两转一移空间并联机构的构型数据库

一个人机交互的软件界面已经被开发来显示数据库中的各种构型，如图 4-7 所示。

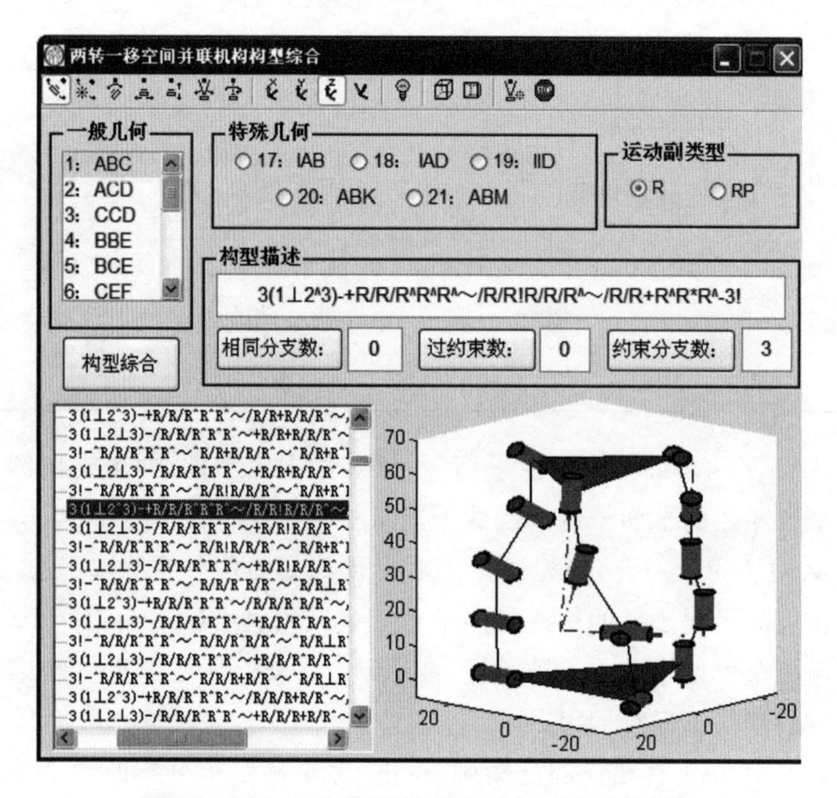

图 4-7　两转一移空间并联机构构型综合展示软件界面

4.4　两移一转并联机构的数字化构型综合

对于两移一转并联机构，动平台受到的独立约束为一个约束力和两个约束力偶，分别表示为 $\$_{F_1}^r$、$\$_{C_1}^r$ 和 $\$_{C_2}^r$。一般地，这三个约束在空间里任意分布，它们的线性组合不能产生新的约束力或约束力偶。但存在两种特殊的几何关系：一种是约束力与一个约束力偶垂直，另一种是约束力与两个约束力偶垂直。那么，三个独立约束之间的几何关系可以分为如表 4-11 所示的三种。

表 4-11　三个独立约束之间的几何关系

一般几何关系	力垂直于一个力偶	力垂直于两个力偶
$\$_{F_1}^r$　$\$_{C_2}^r$　$\$_{C_1}^r$	$\$_{F_1}^r$　$\$_{C_2}^r$　$\$_{C_1}^r$	$\$_{F_1}^r$　$\$_{C_2}^r$　$\$_{C_1}^r$

4.4.1　一般几何关系下的可行约束模式

建立如图 4-8 所示的坐标系，三个独立约束可以表示为

$$\begin{cases} \boldsymbol{\$}_{F_1}^r = (0 \quad 0 \quad 1; \quad d_1 \quad e_1 \quad 0) \\ \boldsymbol{\$}_{C_1}^r = (0 \quad 0 \quad 0; \quad a_2 \quad b_2 \quad c_2) \\ \boldsymbol{\$}_{C_2}^r = (0 \quad 0 \quad 0; \quad a_3 \quad b_3 \quad c_3) \end{cases} \tag{4-14}$$

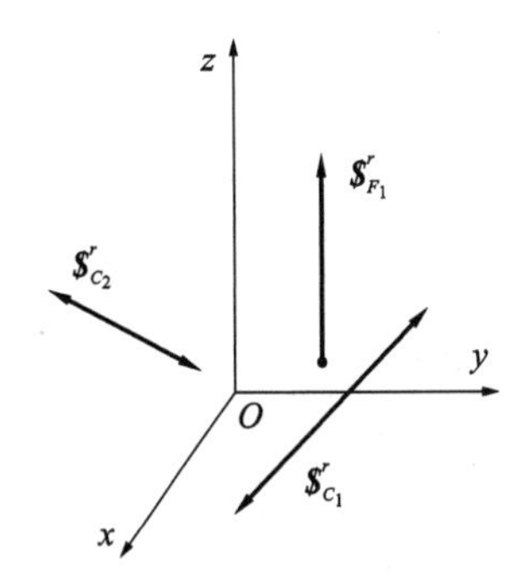

图 4-8　一般几何关系下的三个约束表示

如果构建并联机构的分支只提供一个约束，约束类型可能是

$$A = \boldsymbol{\$}_{F_1}^r; \ B = \boldsymbol{\$}_{C_1}^r; \ C = \boldsymbol{\$}_{C_2}^r \tag{4-15}$$

如果构建并联机构的分支提供两个约束，约束类型可能是

$$\begin{cases} D = AB = \boldsymbol{\$}_{F_1}^r \vee \boldsymbol{\$}_{C_1}^r \\ E = AC = \boldsymbol{\$}_{F_1}^r \vee \boldsymbol{\$}_{C_2}^r \\ F = BC = \boldsymbol{\$}_{C_1}^r \vee \boldsymbol{\$}_{C_2}^r \end{cases} \tag{4-16}$$

如果构建并联机构的分支提供三个约束，约束类型是

$$G = ABC = \boldsymbol{\$}_{F_1}^r \vee \boldsymbol{\$}_{C_1}^r \vee \boldsymbol{\$}_{C_2}^r \tag{4-17}$$

如果构建并联机构的分支不提供约束，约束类型记为

$$H = \boldsymbol{O} \tag{4-18}$$

两移一转并联机构可能由三个提供约束的分支构建，也可能由两个提供约束的分支构建，还可能只由一个提供约束的分支构建。类似于两转一移并联机构可行约束模式的确定方式，可以得到两移一转并联机构的可行约束模式，如表 4-12 所示。

表 4-12 一般几何关系下的可行约束模式

约束模式	示意图	约束模式	示意图	约束模式	示意图	约束模式	示意图
ABC	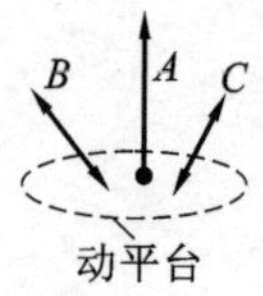B A C 动平台	*ADE*	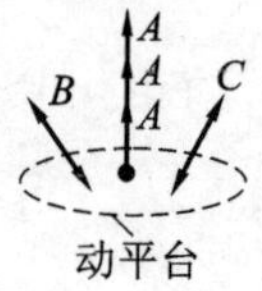A B C 动平台	*BDF*	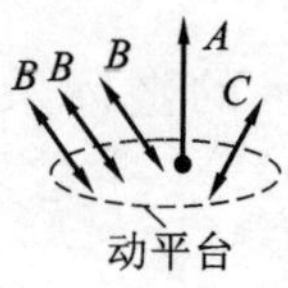B A C 动平台	*DEH*	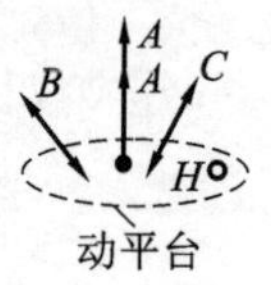A B C H 动平台
ACD	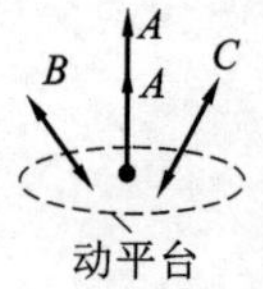A B C 动平台	*BDE*	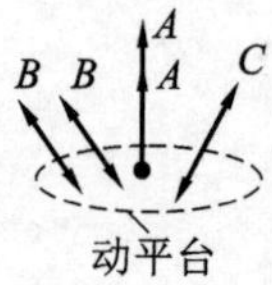A B C 动平台	*AFF*	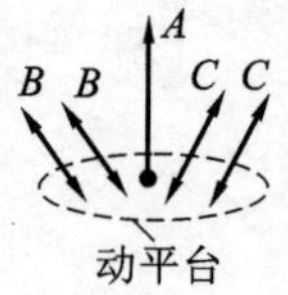A B C 动平台	*GHH*	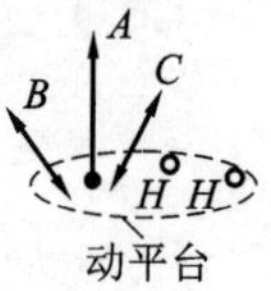A B C H 动平台
CCD	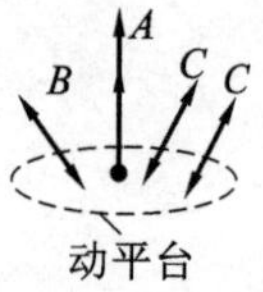A B C 动平台	*AAF*	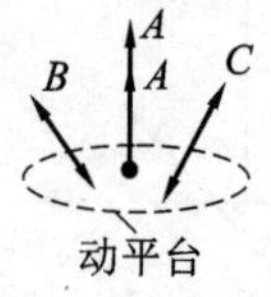A B C 动平台	*CDH*	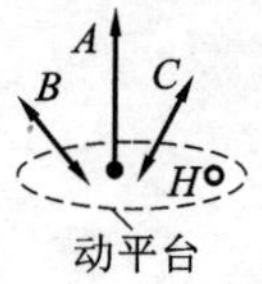A B C H 动平台		
ABE	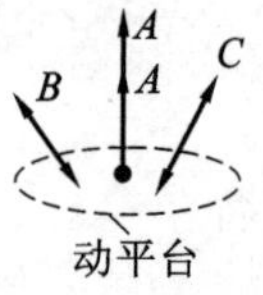A B C 动平台	*ABF*	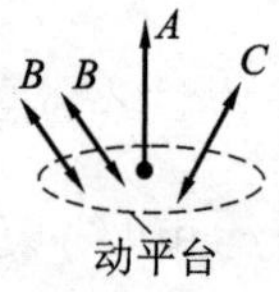A B C 动平台	*AEH*	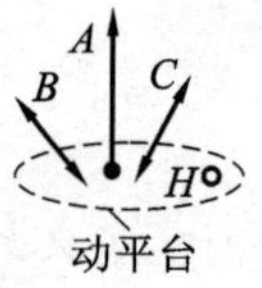A B C H 动平台		
BCE	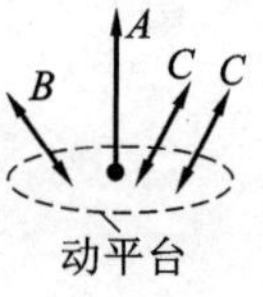A B C 动平台	*AEF*	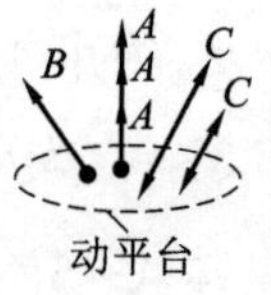A B C 动平台	*DFH*	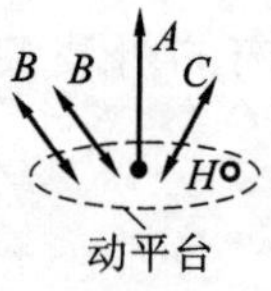A B C H 动平台		

4.4.2 特殊几何关系下的可行约束模式

当约束力与两个力偶垂直时，建立图 4-9 所示的坐标系，三个约束可以表示为

$$\begin{cases} \$_{F_1}^r = (0 \quad 0 \quad 1; \quad d_1 \quad e_1 \quad 0) \\ \$_{C_1}^r = (0 \quad 0 \quad 0; \quad a_2 \quad b_2 \quad 0) \\ \$_{C_2}^r = (0 \quad 0 \quad 0; \quad a_3 \quad b_3 \quad 0) \end{cases} \tag{4-19}$$

在这种几何关系下，构建并联机构的分支除了具有式(4-15)、式(4-16)、式(4-17)和式(4-18)所示的约束类型外，还存在新的约束类型：

$$\begin{cases} I = \$_{F_1}^r \oplus \$_{C_1}^r = (0 \quad 0 \quad 1;\quad d_i \quad e_i \quad 0) \\ J = \$_{F_1}^r \oplus \$_{F_2}^r \oplus \$_{C_1}^r = (0 \quad 0 \quad 1;\quad d_j \quad e_j \quad 0) \end{cases} \tag{4-20}$$

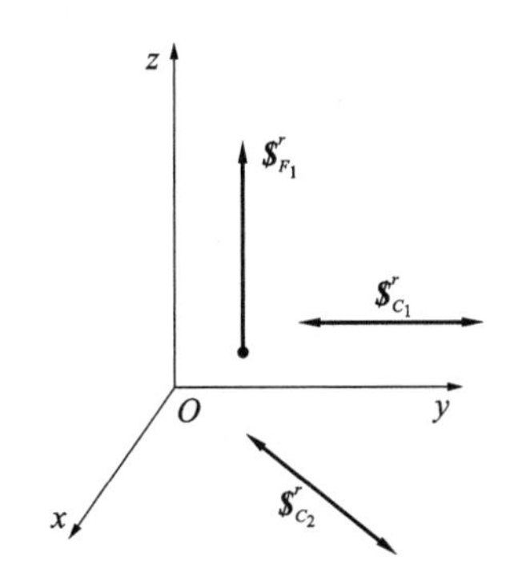

图 4-9　特殊几何关系下的三个约束表示

约束类型 I 和 J 都是平行于 $\$_{F_1}^r$ 的约束力，产生的新约束模式如表 4-13 所示。约束力与两个力偶垂直的几何关系中包含了约束力与一个力偶垂直这种关系，所以这种特殊几何关系无须再做考虑。

表 4-13　特殊几何关系下的新可行约束模式

约束模式	示意图	约束模式	示意图	约束模式	示意图
ACI	I　A　C　动平台	AEI	I　A　A　C　动平台	AIJ	I　A　J　动平台

4.4.3　可行约束模式下的构型综合

以可行约束模式 CCD 为例，相应的两移一转并联机构由三个分支构建，其中一个分支提供一个约束力偶，另一个分支也提供一个约束力偶，第三个分支提供一个约束力和一个约束力偶。提供一个约束力偶的分支的约束特征为{1　1　0　0　0　0}。提供一个约束力和一个约束力偶的分支的约束特征可以是{1　0　0　0　0　1　1　1　0　0　0　0}或{0　0　1　1　0　0　1　1　0　0　0　0}。

以约束特征为{1　0　0　0　0　1}的分支和约束特征为{1　0　0　0　0　1　1　1　0　0　0　0}的分支构建并联机构为例。从分支数据库中选择这两种分支。生成任意两个提供约束力偶的分支和一个提供约束力和约束力偶的分支组合，如表 4-14 所示。

表 4-14　分支的组合

序号	分支组合
No. 1	R/R/R∧R/R～R/R/R+R/R～R/R/R∧R
No. 2	R/R/R∧R/R～R/R/R+R/R～R/R/R⊥R
No. 3	R/R/R∧R/R～R/R/R⊥R/R～R/R/R! R
No. 4	R/R/R∧R/R～R/R/R+R/R～P+R◇R! R
No. 5	R/R/R∧R/R～R/R/R! R/R～R/R◇P! R
…	…

每个分支组合的装配限定条件为两个提供约束力偶的分支与静平台最相邻的转动副平行，与动平台最相邻的转动副平行。

以一个提供力偶的分支为参考分支，遍历该分支与平台的装配关系，根据上述的装配限定条件确定其余两个分支在平台上的各种可能装配关系。进一步对装配后形成的机构的自由度进行瞬时性判别，从而完成机构的综合。

类似地，可以综合出其他的情况。将综合出的并联机构存储到一个数据库中，如图 4-10 所示。人机交互的软件界面如图 4-11 所示。

Microsoft Access - [两移一转空间并联机构构型数据库 : 表]

文件(F)　编辑(E)　视图(V)　插入(I)　格式(O)　记录(R)　工具(T)　窗口(W)　帮助(H)

构型	相同分支数	过约束数	约束分支数	约束模式
3(1⊥2!3)-/R+P◇P⊥R/R^～+R/	0	0	3	ABC
3!-+R+P◇P⊥R/R^～^R/R◇P/F	0	0	3	ABC
3(1⊥2⊥3)-/R+P◇P⊥R/R^～+I	0	0	3	ABC
3(1⊥2!3)-/R+P◇P⊥R/R^～+R/	0	0	3	ABC
3!-+R+P◇P⊥R/R^～^R/R◇P/F	2	0	3	ABC
3(1⊥2⊥3)-/R+P◇P⊥R/R^～+I	0	0	3	ABC
3(1⊥2!3)-/R+P◇P⊥R/R^～+R/	0	0	3	ABC
3!-+R+P◇R!R/R^～^R+P◇P/R-	2	0	3	ABC
3(1⊥2⊥3)-/R+P◇R!R/R^～+R-	0	0	3	ABC
3(1⊥2!3)-/R+P◇R!R/R^～+R+I	0	0	3	ABC
3!-+R+P◇R!R/R^～^R+P◇P/R-	0	0	3	ABC
3(1⊥2⊥3)-/R+P◇R!R/R^～+R-	0	0	3	ABC
3(1⊥2!3)-/R+P◇R!R/R^～+R+I	0	0	3	ABC
3!-+R+P◇R!R/R^～^R+P◇P/R-	0	0	3	ABC

记录：424　共有记录数：68920

"数据表"视图　NUM

图 4-10　两移一转空间并联机构构型数据库

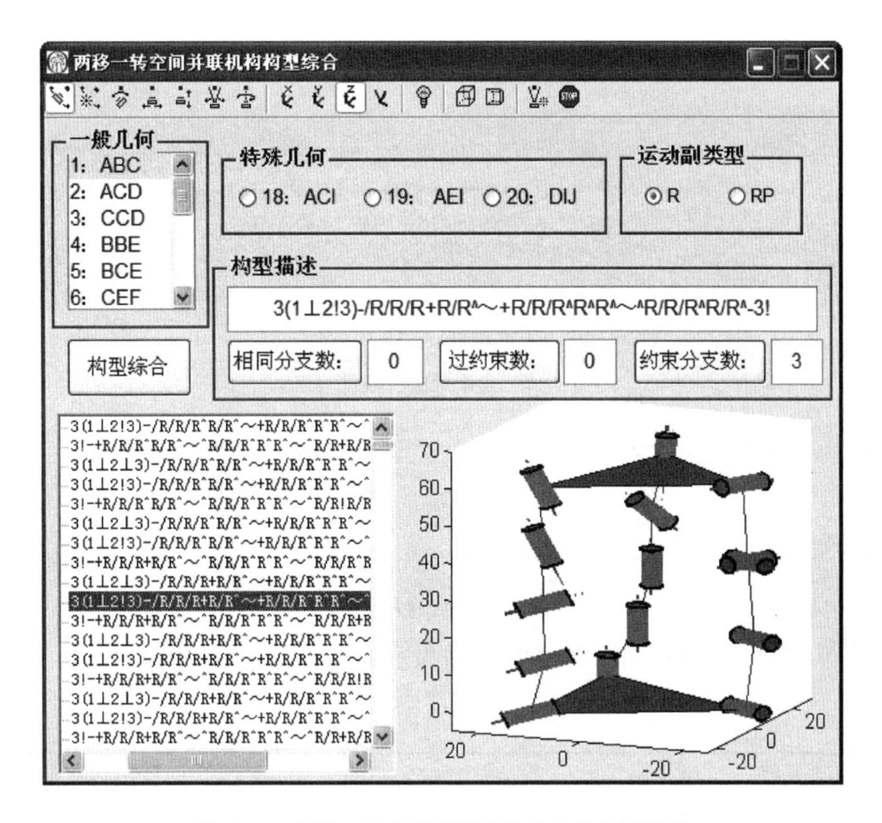

图 4-11　两移一转空间并联机构的人机交互界面

4.5　三移并联机构的数字化构型综合

对于三移并联机构，动平台受到的独立约束为三个约束力偶 $\boldsymbol{\$}^r_{C_1}$、$\boldsymbol{\$}^r_{C_2}$ 和 $\boldsymbol{\$}^r_{C_3}$。如图 4-12 所示，三个约束力偶表示为

$$\begin{cases}\boldsymbol{\$}^r_{C_1}=(0\quad 0\quad 0;\quad a_1\quad b_1\quad c_1)\\ \boldsymbol{\$}^r_{C_2}=(0\quad 0\quad 0;\quad a_2\quad b_2\quad c_2)\\ \boldsymbol{\$}^r_{C_3}=(0\quad 0\quad 0;\quad a_3\quad b_3\quad c_3)\end{cases}\tag{4-21}$$

构建三移并联机构的分支可能提供单个约束力偶，约束类型为

$$A=\boldsymbol{\$}^r_{C_1};\ B=\boldsymbol{\$}^r_{C_2};\ C=\boldsymbol{\$}^r_{C_3}\tag{4-22}$$

分支也可能提供两个约束力偶，约束类型为

$$D=AB=\boldsymbol{\$}^r_{C_1}\vee\boldsymbol{\$}^r_{C_2};\ E=AC=\boldsymbol{\$}^r_{C_1}\vee\boldsymbol{\$}^r_{C_3};\ F=BC=\boldsymbol{\$}^r_{C_2}\vee\boldsymbol{\$}^r_{C_3}\tag{4-23}$$

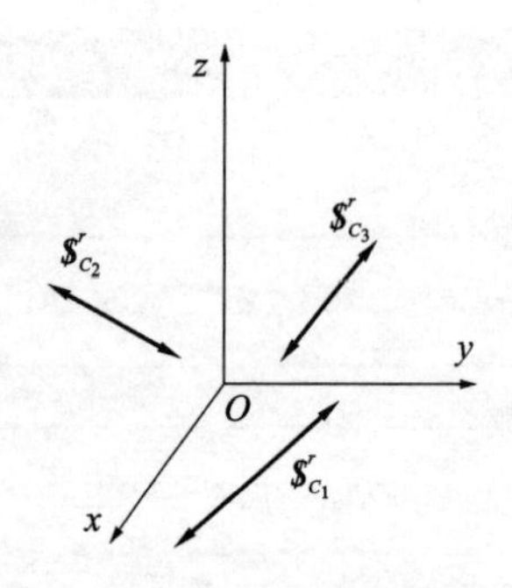

图 4-12 三个约束力偶的表示

分支也可能提供三个约束力偶，约束类型为

$$G = ABC = \boldsymbol{\$}^r_{C_1} \vee \boldsymbol{\$}^r_{C_2} \vee \boldsymbol{\$}^r_{C_3} \tag{4-24}$$

分支还可能不提供约束，约束类型记为

$$H = \boldsymbol{O} \tag{4-25}$$

最终，可以得到三移并联机构可行约束模式，如表 4-15 所示。

表 4-15 可行约束模式

约束模式	示意图	约束模式	示意图	约束模式	示意图	约束模式	示意图
ABC	动平台	*ADG*	动平台	*AFH*	动平台	*GGH*	动平台
ACD	动平台	*DEG*	动平台	*DEH*	动平台	*GHH*	动平台
ADE	动平台	*DEF*	动平台	*AGH*	动平台		
ABG	动平台	*GGG*	动平台	*DGH*	动平台		

以可行约束模式 ACD 为例，相应的三移并联机构由三个分支构建，其中一个分支提供一个约束力偶，另一个分支也提供一个约束力偶，第三个分支提供两个约束力偶。提供一个约束力偶的分支的约束特征为{1 1 0 0 0 0}。提供两个约束力偶的分支约束特征为{1 1 0 0 0 0 1 1 0 0 0 0}。

从分支数据库中选择这两种约束特征的分支，生成任意两个提供一个约束力偶的分支和一个提供两个约束力偶的分支的组合。

对于每个组合，装配限定条件为三个分支中与静平台最相邻转动副不能都平行，并且三个分支中与动平台最相邻转动副也不能都平行。

根据装配限定条件，确定每个组合在平台上的装配关系。对于这些组合，安装关系能直接保证综合的机构具有全周自由度。

类似地，可以综合出其他的情况。将综合出的三移并联机构存储到一个数据库中，如图 4-13 所示。一个人机交互的软件界面已经被开发来显示数据库中的各种构型，如图 4-14 所示。

Microsoft Access - [三移空间并联机构构型数据库 : 表]

文件(F) 编辑(E) 视图(V) 插入(I) 格式(O) 记录(R) 工具(T) 窗口(W) 帮助(H)

<table>
<tr><th>构型</th><th>相同分支数</th><th>过约束数</th><th>约束分支数</th><th>约束模式</th></tr>
<tr><td>3!-^R+P◇P⊥R/R^~^R+P◇R⊥R/R^</td><td>2</td><td>0</td><td>3</td><td>ABC</td></tr>
<tr><td>3!-^R+P◇P⊥R/R^~^R+P◇P!R/R^~</td><td>0</td><td>0</td><td>3</td><td>ABC</td></tr>
<tr><td>3!-^R+P◇P⊥R/R^~^R+P◇P!R/R^~</td><td>0</td><td>0</td><td>3</td><td>ABC</td></tr>
<tr><td>3!-^R+P◇P⊥R/R^~^R+P◇P!R/R^~</td><td>0</td><td>0</td><td>3</td><td>ABC</td></tr>
<tr><td>3!-^R+P◇P⊥R/R^~^R+P◇P!R/R^~</td><td>0</td><td>0</td><td>3</td><td>ABC</td></tr>
<tr><td>3!-^R+P◇P⊥R/R^~^R+P◇P!R/R^~</td><td>0</td><td>0</td><td>3</td><td>ABC</td></tr>
<tr><td>3!-^R+P◇P⊥R/R^~^R+P◇P!R/R^~</td><td>2</td><td>0</td><td>3</td><td>ABC</td></tr>
<tr><td>3!-^R+P◇P⊥R/R^~^R+P◇P|R/R^~</td><td>0</td><td>0</td><td>3</td><td>ABC</td></tr>
<tr><td>3!-^R+P◇P⊥R/R^~^R+P◇P|R/R^~</td><td>0</td><td>0</td><td>3</td><td>ABC</td></tr>
<tr><td>3!-^R+P◇P⊥R/R^~^R+P◇P|R/R^~</td><td>0</td><td>0</td><td>3</td><td>ABC</td></tr>
<tr><td>3!-^R+P◇P⊥R/R^~^R+P◇P|R/R^~</td><td>0</td><td>0</td><td>3</td><td>ABC</td></tr>
<tr><td>3!-^R+P◇P⊥R/R^~^R+P◇P|R/R^~</td><td>0</td><td>0</td><td>3</td><td>ABC</td></tr>
<tr><td>3!-^R+P◇P⊥R/R^~^R+P◇P|R/R^~</td><td>2</td><td>0</td><td>3</td><td>ABC</td></tr>
<tr><td>3!-^R+P◇P⊥R/R^~^R+P◇P⊥R/R^</td><td>2</td><td>0</td><td>3</td><td>ABC</td></tr>
<tr><td>3!-^R+P◇P⊥R/R^~^R+P◇P⊥R/R^</td><td>2</td><td>0</td><td>3</td><td>ABC</td></tr>
</table>

记录: 30 共有记录数: 11466

“数据表”视图 CAPS NUM

图 4-13 三移空间并联机构构型数据库

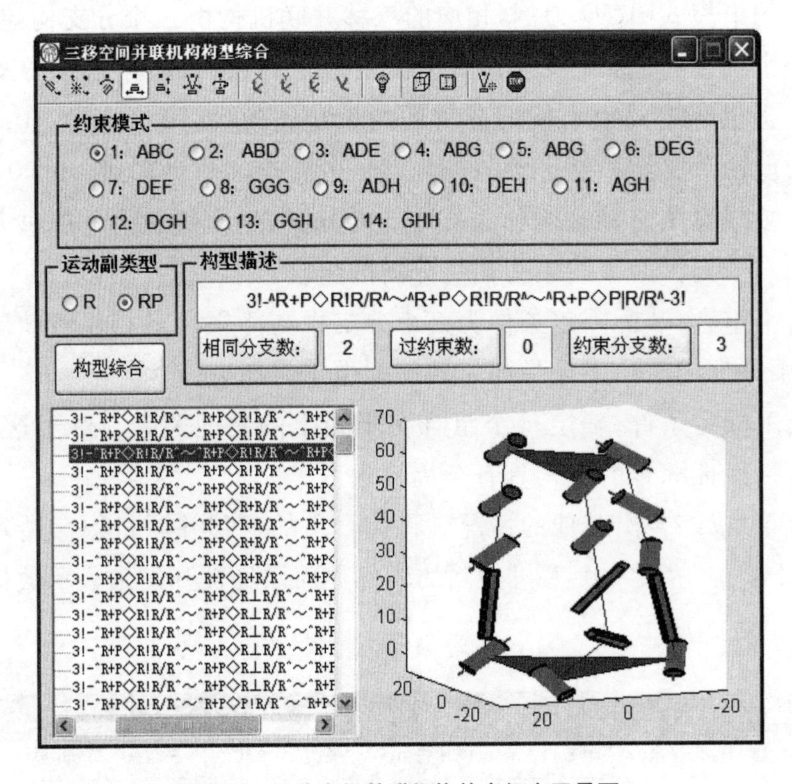

图 4-14 三移空间并联机构的人机交互界面

4.6 三转并联机构的数字化构型综合

动平台受到的独立约束为三个相交的约束力，可以得到三转机构的可行约束模式，如表 4-16 所示，表中的符号 A、B、C、D、E、F、G 和 H 的物理意义由下面内容确定。建立如图 4-15 所示的坐标系，这三个约束力可以表示为

$$\begin{cases} \boldsymbol{\$}_{F_1}^r = (a_1 \quad b_1 \quad c_1; \quad 0 \quad 0 \quad 0) \\ \boldsymbol{\$}_{F_2}^r = (a_2 \quad b_2 \quad c_2; \quad 0 \quad 0 \quad 0) \\ \boldsymbol{\$}_{F_3}^r = (a_3 \quad b_3 \quad c_3; \quad 0 \quad 0 \quad 0) \end{cases} \tag{4-26}$$

一个分支可能提供单个约束力偶，约束类型为

$$\begin{cases} A = \boldsymbol{\$}_{F_1}^r \\ B = \boldsymbol{\$}_{F_2}^r \\ C = \boldsymbol{\$}_{F_3}^r \end{cases} \tag{4-27}$$

表 4-16　可行约束模式

约束模式	示意图	约束模式	示意图	约束模式	示意图	约束模式	示意图
ABC	A B C 动平台	ADG	A A A B B C 动平台	AFH	A B C H 动平台	GGH	A A B B C C H 动平台
ACD	A A B C 动平台	DEG	A A A B B C C 动平台	DEH	A A B C H 动平台	GHH	A B C H H 动平台
ADE	A A A B C 动平台	DEF	A A B B C C 动平台	AGH	A A B C H 动平台		
ABG	A A B B C 动平台	GGG	A A A B B B C C C 动平台	DGH	A A B B C H 动平台		

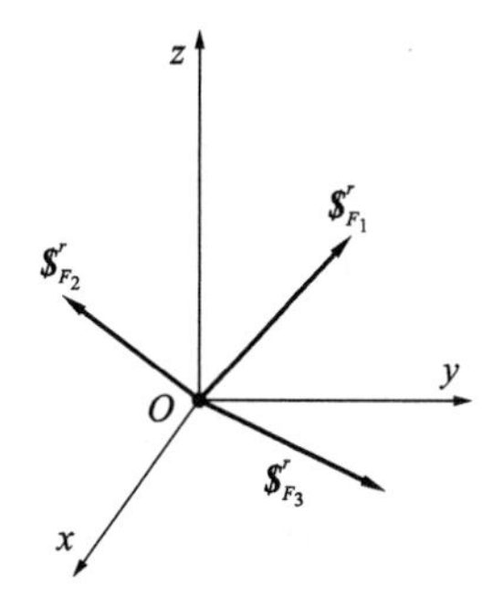

图 4-15　一般几何关系下的三个约束表示

一个分支也可能提供两个约束力偶，约束类型为

$$D = AB = \$^r_{F_1} \vee \$^r_{F_2}\text{；}E = AC = \$^r_{F_1} \vee \$^r_{F_3}\text{；}F = BC = \$^r_{F_2} \vee \$^r_{F_3} \tag{4-28}$$

一个分支也可能提供三个约束力偶，约束类型为

$$G = ABC = \$^r_{F_1} \vee \$^r_{F_2} \vee \$^r_{F_3} \tag{4-29}$$

一个分支还可能不提供约束，即约束类型记为

$$H = \boldsymbol{O} \tag{4-30}$$

同样地，对于给定的每个可行约束模式，从分支数据库中选择相应的分支进行组合。根据约束模式中分支约束之间的几何关系确定装配限定条件，进而确定每个组合在平台上的装配关系。最后判别综合出来的机构是否具有全周自由度。

将综合出来的并联机构存储在数据库中，如图 4-16 所示。一个人机交互的构型展示软件界面被开发，如图 4-17 所示。

Microsoft Access - [三转空间并联机构构型数据库 : 表]

文件(F)　编辑(E)　视图(V)　插入(I)　格式(O)　记录(R)　工具(T)　窗口(W)　帮助(H)

构型	相同分支数	过约束数	约束分支数	约束模式
3!-^R/R/R^R^R~^R/R/R+R^R~^R/R	0	0	3	ABC
3!-^R/R/R^R^R~^R/R/R+R^R~^R/R	0	0	3	ABC
3!-^R/R/R^R^R~^R/R/R+R^R~^R/R	0	0	3	ABC
3!-^R/R/R^R^R~^R/R/R+R^R~^R^R	0	0	3	ABC
3!-^R/R/R^R^R~^R/R/R+R^R~^R^R	0	0	3	ABC
3!-^R/R/R^R^R~^R/R/R+R^R~^R^R	0	0	3	ABC
3!-^R/R/R^R^R~^R/R/R+R^R~^R^R	0	0	3	ABC
3!-^R/R/R^R^R~^R/R/R+R^R~^R^R	0	0	3	ABC
3!-^R/R/R^R^R~^R/R/R+R^R~^R+I	0	0	3	ABC
3!-^R/R/R^R^R~^R/R/R+R^R~^R+I	0	0	3	ABC
3!-^R/R/R^R^R~^R/R/R+R^R~^R+I	0	0	3	ABC
3!-^R/R/R^R^R~^R/R/R+R^R~^R+I	0	1	3	ABD
3!-^R/R/R^R^R~^R/R/R+R^R~^R+I	0	1	3	ABD
3!-^R/R/R^R^R~^R/R/R+R^R~^R⊥	0	1	3	ABD
3!-^R/R/R^R^R~^R/R/R+R^R~^R⊥	0	1	3	ABD
3!-^R/R/R^R^R~^R/R/R+R^R~^R⊥	0	1	3	ABD
3!-^R/R/R^R^R~^R/R/R+R^R~^R⊥	0	1	3	ABD
3!-^R/R/R^R^R~^R/R/R+R^R~^R⊥	0	1	3	ABD
3!-^R/R/R^R^R~^R/R/R+R^R~^R!R	0	1	3	ABD
3!-^R/R/R^R^R~^R/R/R+R^R~^R!R	0	1	3	ABD
3!-^R/R/R^R^R~^R/R/R+R^R~^R!R	0	1	3	ABD

记录: 9599　共有记录数: 13709

“数据表”视图　CAPS　NUM

图 4-16　三转空间并联机构构型数据库

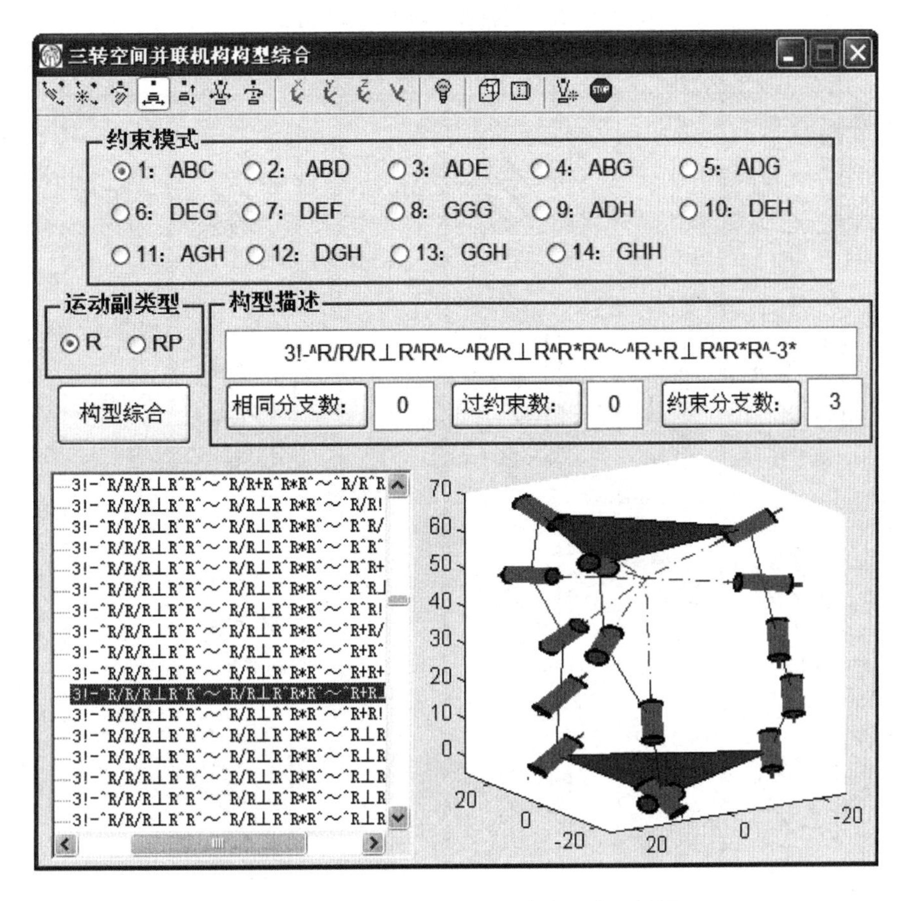

图 4-17 三转空间并联机构的人机交互界面

4.7 两转两移并联机构的数字化构型综合

两转两移并联机构的动平台受到的独立约束为一个约束力和一个约束力偶。两个独立约束之间的几何关系分为垂直和不垂直两种情况。

类似地，构建两转两移并联机构的分支约束类型能被推导，进而可以得到两转两移并联机构的可行约束模式如表 4-17 所示，其中的约束类型 A、B、C、D 和 H 的物理意义由下面的分析确定。

当约束力与约束力偶不垂直时，如图 4-18(a)所示，两个独立约束表示为

$$\begin{cases} \boldsymbol{\$}_{F_1}^{r} = (0 \quad 0 \quad 1; \quad 0 \quad 0 \quad 0) \\ \boldsymbol{\$}_{C_1}^{r} = (0 \quad 0 \quad 0; \quad a_2 \quad b_2 \quad c_2) \end{cases}$$

表 4-17 可行约束模式

约束模式	示意图	约束模式	示意图	约束模式	示意图	约束模式	示意图
AAAB	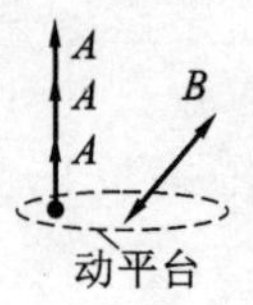 动平台	*BBBC*	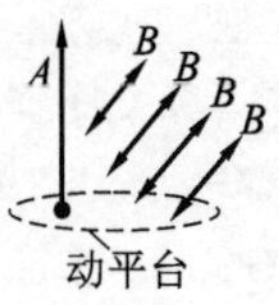 动平台	*BBCH*	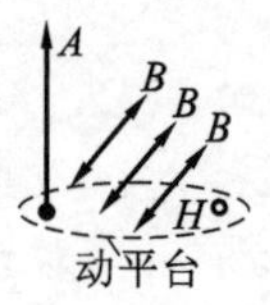 动平台	*CCHH*	 动平台
AABB	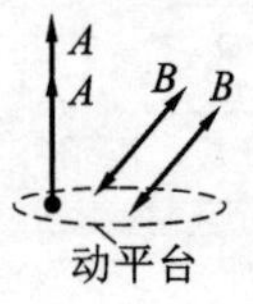 动平台	*AAAC*	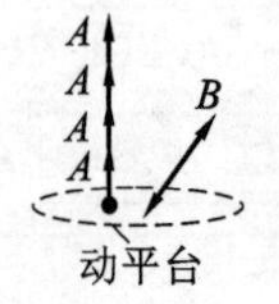 动平台	*BCCH*	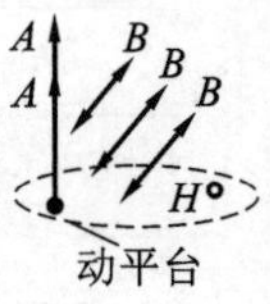 动平台	*CHHH*	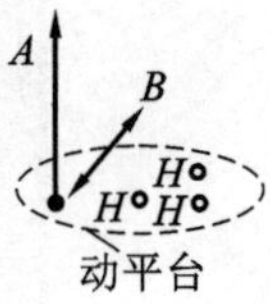 动平台
ABBB	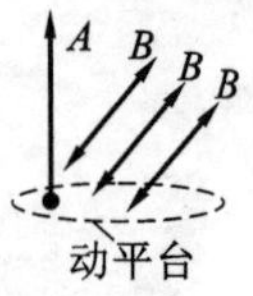 动平台	*AACC*	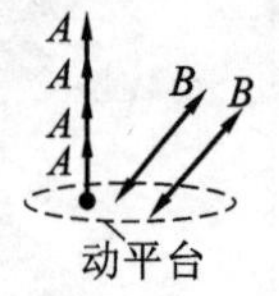 动平台	*ACCH*	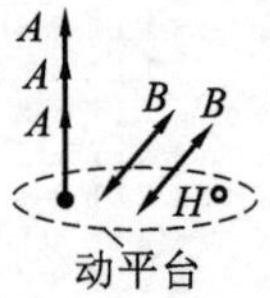 动平台	*AAAD*	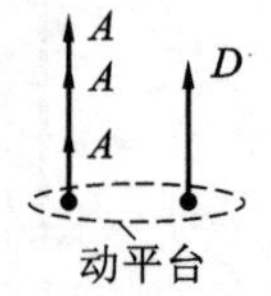 动平台
AABC	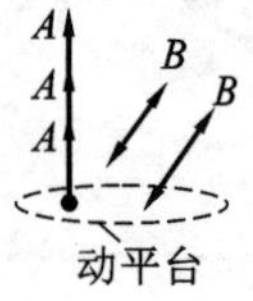 动平台	*AABH*	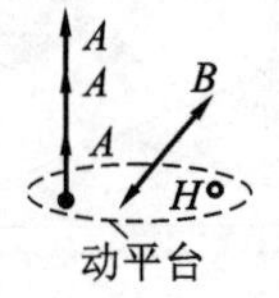 动平台	*CCCH*	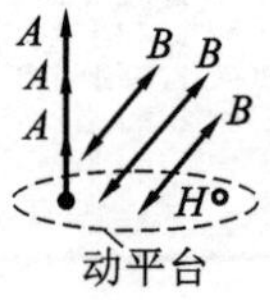 动平台	*AADD*	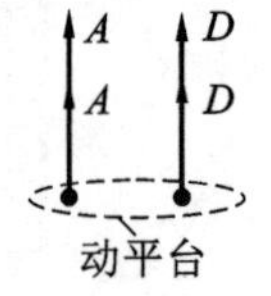 动平台
ABCC	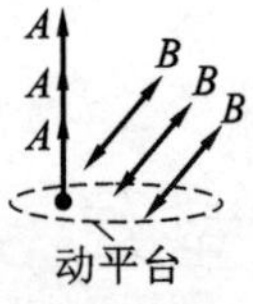 动平台	*ABBH*	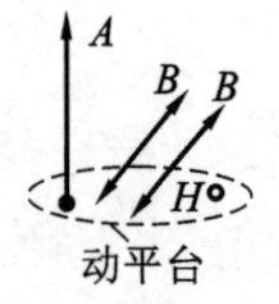 动平台	*ABHH*	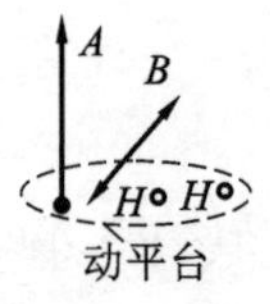 动平台	*AADH*	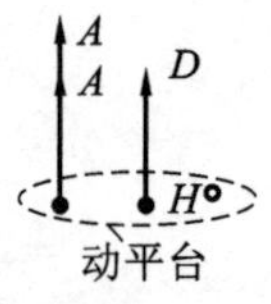 动平台
ABBC	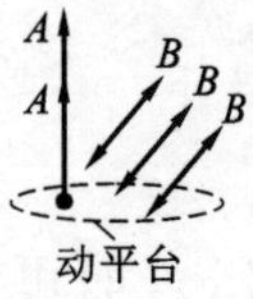 动平台	*AACH*	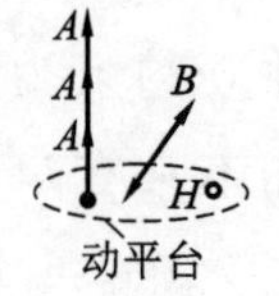 动平台	*ACHH*	 动平台	*ADHH*	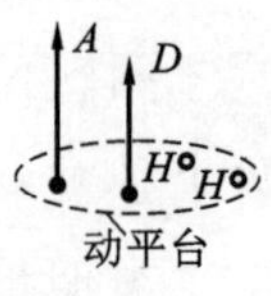 动平台
BBCC	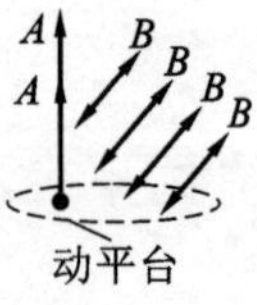 动平台	*ABCH*	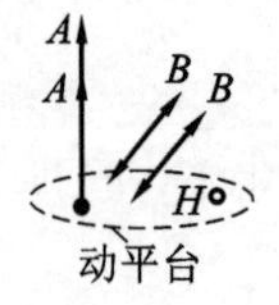 动平台	*BCHH*	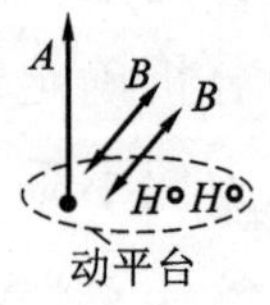 动平台		

分支的约束类型为

$$
\begin{cases}
A = \$^r_{F_1} \\
B = \$^r_{C_1} \\
C = AB = \$^r_{F_1} \vee \$^r_{C_1} \\
H = \mathbf{0}
\end{cases}
\tag{4-31}
$$

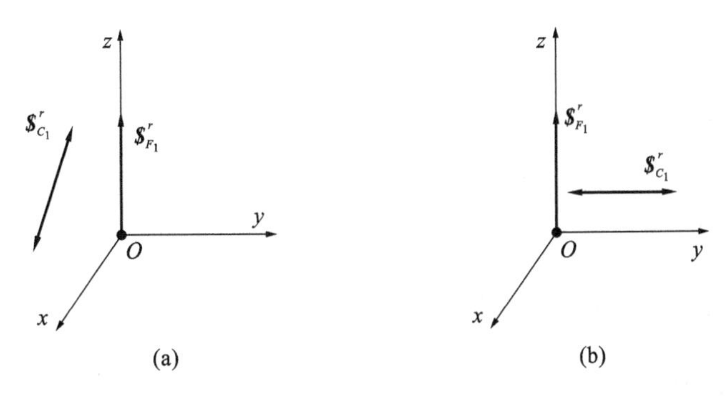

图 4-18　两个独立约束的几何关系

(a)不垂直;(b)垂直

约束力与约束力偶垂直时,如图 4-18(b)所示,分支的新约束类型为

$$D = \$^r_{F_1} \oplus \$^r_{C_2} = (0 \quad 0 \quad 1; \quad d \quad e \quad 0) \tag{4-32}$$

同样地,在每种可行约束模式下的两转两移并联机构能被综合出来,将综合出来的并联机构存储在数据库中,如图 4-19 所示。一个软件界面被开发来显示数据库中的构型,如图 4-20 所示。

Microsoft Access - [两转两移空间并联机构构型数据库 : 表]

文件(F)　编辑(E)　视图(V)　插入(I)　格式(O)　记录(R)　工具(T)　窗口(W)　帮助(H)

构型	相同分支数	过约束数	约束分支数	约束模式
4(1/2/3⊥4)-+R/R/R^R/R^~+R/R/R⊥R	0	2	4	ABBB
4(1/2/3!4)-^R/R/R^R/R^~^R/R/R⊥R/R	0	2	4	ABBB
4(1/2/3^4)-/R/R/R^R/R^~/R/R/R⊥R/R	0	2	4	ABBB
4(1/2/3⊥4)-+R/R/R^R/R^~+R/R/R⊥R	0	2	4	ABBB
4(1/2/3!4)-^R/R/R^R/R^~^R/R/R⊥R/R	0	2	4	ABBB
4(1/2/3^4)-/R/R/R^R/R^~/R/R/R⊥R/R	0	2	4	ABBB
4(1/2/3⊥4)-+R/R/R^R/R^~+R/R/R⊥R	0	2	4	ABBB
4(1/2/3!4)-^R/R/R^R/R^~^R/R/R⊥R/R	0	2	4	ABBB
4(1/2/3^4)-/R/R/R^R/R^~/R/R/R⊥R/R	0	2	4	ABBB

记录: 13920　共有记录数: 33593

"数据表"视图　CAPS　NUM

图 4-19　两转两移空间并联机构构型数据库

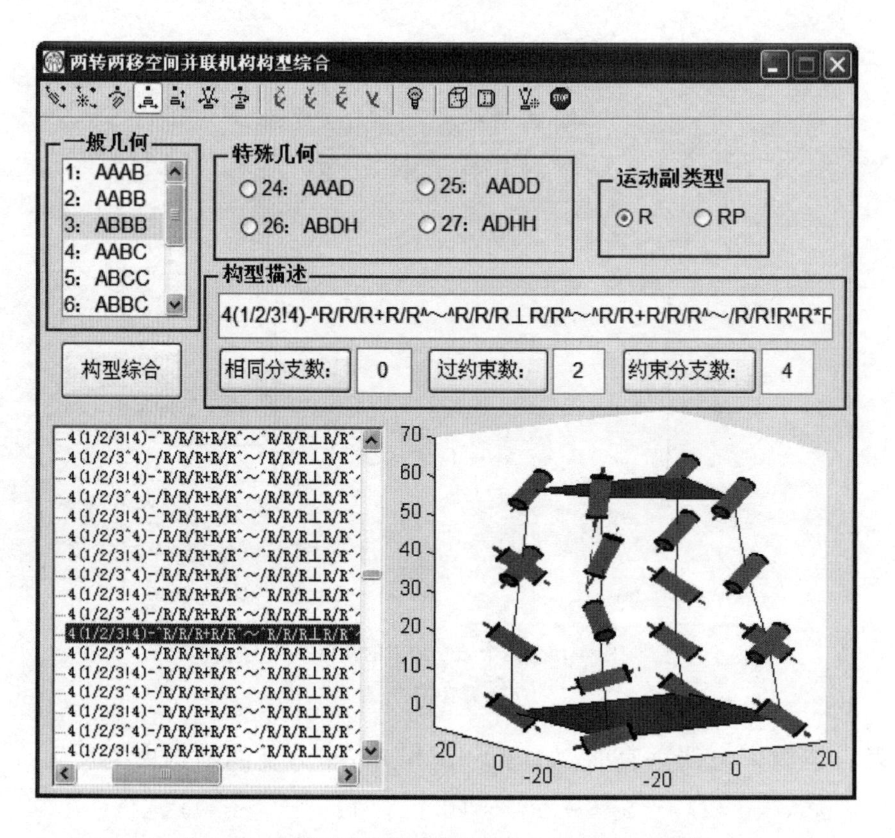

图 4-20　两转两移空间并联机构的人机交互显示界面

4.8　三转一移并联机构的数字化构型综合

两个约束力施加在动平台上。一般情况下这两个约束力不相交，有一种特殊几何关系是这两个约束力相交。

如图 4-21(a)所示，当两个约束力不相交时，两个约束力可以表示为

$$\begin{cases} \$^r_{F_1} = (a_1 \quad b_1 \quad c_1; \quad 0 \quad 0 \quad 0) \\ \$^r_{F_2} = (1 \quad 0 \quad 0; \quad d_1 \quad e_1 \quad 0) \end{cases} \tag{4-33}$$

当分支提供约束时，约束类型为

$$A = \$^r_{F_1}; B = \$^r_{F_2}; C = \$^r_{F_1} \vee \$^r_{C_2} \tag{4-34}$$

当分支不提供约束时，约束类型为

$$H = \boldsymbol{O} \tag{4-35}$$

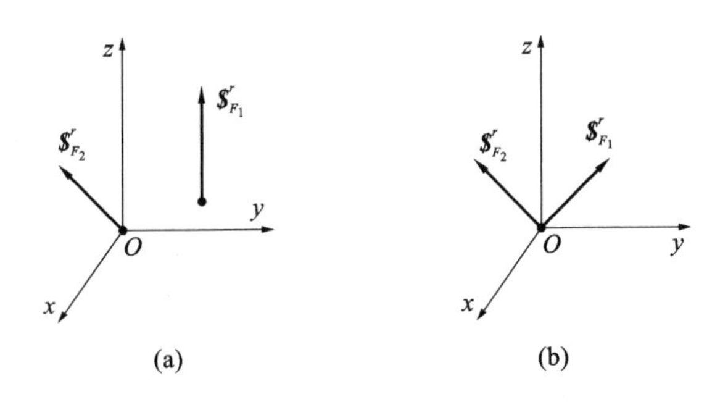

图 4-21 两个约束力之间的几何关系

(a)两个约束力不相交;(b)两个约束力相交

在一般几何关系下,三转一移并联机构的可行约束模式如表 4-18 所示。

表 4-18 一般几何关系下的可行约束模式

约束模式	示意图	约束模式	示意图	约束模式	示意图	约束模式	示意图
AAAB	A A A B 动平台	*AAAC*	A A A A B 动平台	*AACH*	A A A B H 动平台	*ABHH*	A B H H 动平台
AABB	A A B B 动平台	*AABH*	A A B H 动平台	*ABCH*	A A B B H 动平台	*CHHH*	A B H H H 动平台

如图 4-21(b)所示,当两个约束力相交时,两个约束力表示为

$$\begin{cases} \$^r_{F_1} = (a_1 \quad b_1 \quad c_1\,; \quad 0 \quad 0 \quad 0) \\ \$^r_{F_2} = (a_2 \quad b_2 \quad c_2\,; \quad 0 \quad 0 \quad 0) \end{cases} \tag{4-36}$$

分支的新约束类型为

$$D = \$^r_{F_1} \oplus \$^r_{F_2} = (a_i \quad b_i \quad c_i\,; \quad 0 \quad 0 \quad 0) \tag{4-37}$$

由于不同的组合系数对应不同的结果,D 型约束表示任意一个过两个独立约束力的交点且与它们共面的约束力。

在相交几何关系下,三转一移并联机构的可行约束模式如表 4-19 所示。

表 4-19 相交几何关系下的可行约束模式

约束模式	示意图	约束模式	示意图	约束模式	示意图	约束模式	示意图
ABDD	*A* *B* *D* *D* 动平台	*ABCD*	*A* *B* *A* *B* *D* 动平台	*ABDH*	*A* *B* *D* *H* 动平台	*ACDH*	*A* *B* *A* *D* *H* 动平台

对每种可行约束模式下的并联机构进行综合，将综合出的结果存储到构型数据库中，如图 4-22 所示。为了显示数据库的内容，开发了一个软件界面，如图 4-23 所示。

Microsoft Access - [三转一移空间并联机构构型数据库 ： 表]

文件(F) 编辑(E) 视图(V) 插入(I) 格式(O) 记录(R) 工具(T) 窗口(W) 帮助(H)

构型	相同分支数	过约束数	约束分支数	约束模式
4(1/2!3/4)-^R/R/R⊥R^R^~^R/R/R!R'	0	2	4	AABB
4(1/2^3/4)-/R/R/R⊥R^R^~/R/R/R!R^	0	2	4	AABB
4(1/2⊥3/4)-+R/R/R⊥R^R^~+R/R/R!	0	2	4	AABB
4(1/2!3/4)-^R/R/R⊥R^R^~^R/R/R!R'	0	2	4	AABB
4(1/2^3/4)-/R/R/R⊥R^R^~/R/R/R!R^	0	2	4	AABB
4(1/2⊥3/4)-+R/R/R⊥R^R^~+R/R/R!	0	2	4	AABB
4(1/2!3/4)-^R/R/R⊥R^R^~^R/R/R!R'	0	2	4	AABB
4(1/2^3/4)-/R/R/R⊥R^R^~/R/R/R!R^	0	2	4	AABB
4(1/2⊥3/4)-+R/R/R⊥R^R^~+R/R/R!	0	2	4	AABB
4(1/2!3/4)-^R/R/R⊥R^R^~^R/R/R!R'	0	2	4	AABB
4(1/2^3/4)-/R/R/R⊥R^R^~/R/R/R!R^	0	2	4	AABB
4(1/2⊥3/4)-+R/R/R⊥R^R^~+R/R/R!	0	2	4	AABB
4(1/2!3/4)-^R/R/R⊥R^R^~^R/R/R!R'	0	2	4	AABB
4(1/2^3/4)-/R/R/R⊥R^R^~/R/R/R!R^	0	2	4	AABB
4(1/2⊥3/4)-+R/R/R⊥R^R^~+R/R/R!	0	2	4	AABB
4(1/2!3/4)-^R/R/R⊥R^R^~^R/R/R!R'	0	2	4	AABB
4(1/2^3/4)-/R/R/R⊥R^R^~/R/R/R!R^	0	2	4	AABB
4(1/2⊥3/4)-+R/R/R⊥R^R^~+R/R/R!	0	2	4	AABB
4(1/2!3/4)-^R/R/R⊥R^R^~^R/R/R!R'	0	2	4	AABB
4(1/2^3/4)-/R/R/R⊥R^R^~/R/R/R!R^	0	2	4	AABB
4(1/2⊥3/4)-+R/R/R⊥R^R^~+R/R/R!	0	2	4	AABB
4(1/2!3/4)-^R/R/R⊥R^R^~^R/R/R!R'	0	2	4	AABB

记录: 37 共有记录数: 57997

"数据表" 视图 CAPS NUM

图 4-22 三转一移空间并联机构构型数据库

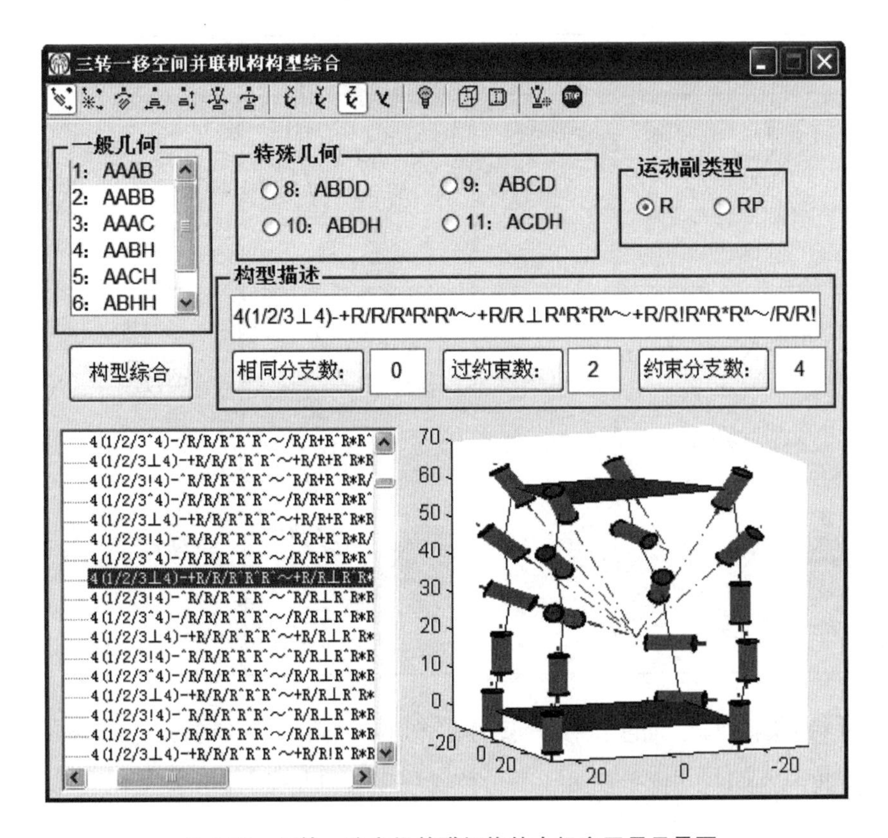

图 4-23 三转一移空间并联机构的人机交互显示界面

4.9 三移一转并联机构的数字化构型综合

动平台受到的独立的约束是两个约束力偶，分支有如下约束类型：

$$\begin{cases} A = \$^r_{C_1} = (0 \quad 0 \quad 0; \quad a_1 \quad b_1 \quad c_1) \\ B = \$^r_{C_2} = (0 \quad 0 \quad 0; \quad a_2 \quad b_2 \quad c_2) \\ C = AB = \$^r_{C_1} \vee \$^r_{C_2} = (0 \quad 0 \quad 0; \quad a_1 \quad b_1 \quad c_1) \vee (0 \quad 0 \quad 0; \quad a_2 \quad b_2 \quad c_2) \\ D = \$^r_{C_1} \oplus \$^r_{C_2} = (0 \quad 0 \quad 0; \quad a_3 \quad b_3 \quad c_3) \end{cases} \tag{4-38}$$

其中，D 型约束是 A 型约束和 B 型约束的线性组合，它表示与 A 型约束和 B 型约束平行于同一个平面的一个约束力偶。

三移一转并联机构的可行约束模式如表 4-20 所示。

表 4-20　可行约束模式

约束模式	示意图	约束模式	示意图	约束模式	示意图
AABB	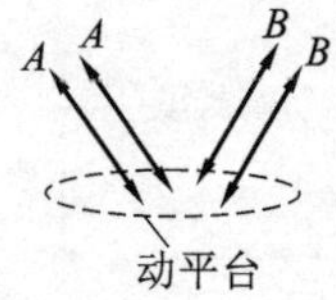 A A B B 动平台	*ABDD*	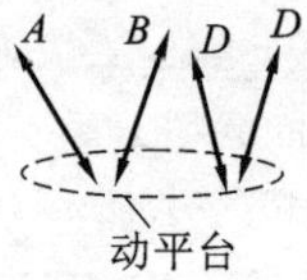 A B D D 动平台	*ABDH*	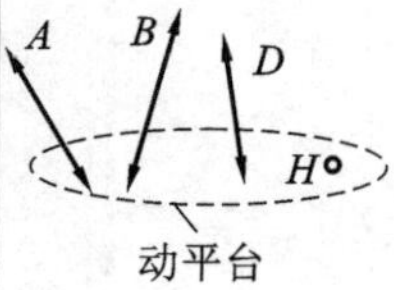 A B D H 动平台
AAAB	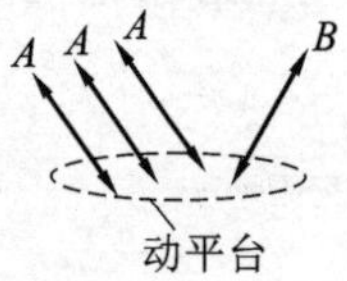 A A A B 动平台	*AABH*	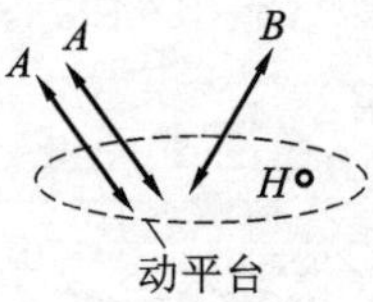 A A B H 动平台	*ABHH*	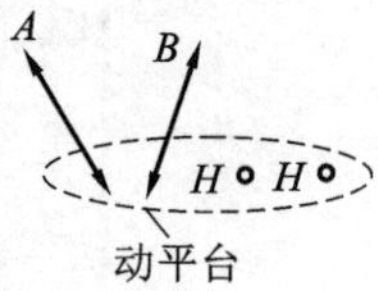 A B H H 动平台
AABC	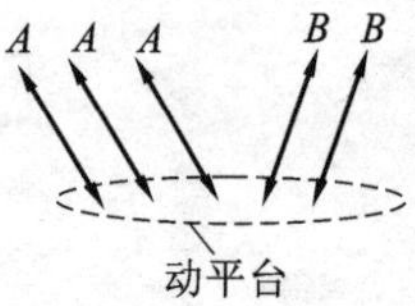 A A A B B 动平台	*ABCH*	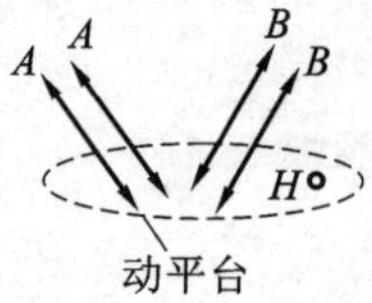 A A B B H 动平台	*CHHH*	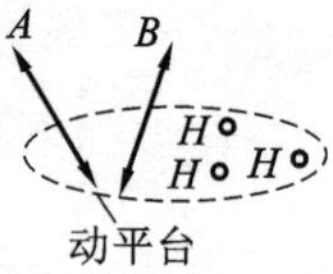 A B H H H 动平台

每种可行约束模式下的三移一转并联机构能被综合，将综合出来的并联机构存储到数据库中，如图 4-24 所示。一个软件界面已被开发来显示数据库中的构型，如图 4-25 所示。

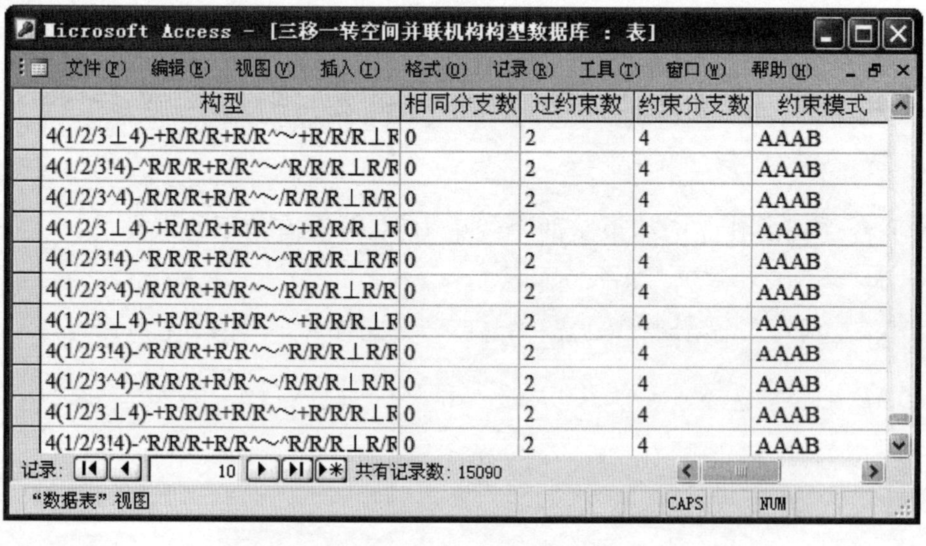

Microsoft Access - [三移一转空间并联机构构型数据库 : 表]

文件(F)　编辑(E)　视图(V)　插入(I)　格式(O)　记录(R)　工具(T)　窗口(W)　帮助(H)

构型	相同分支数	过约束数	约束分支数	约束模式
4(1/2/3⊥4)-+R/R/R+R/R^~+R/R/R⊥R	0	2	4	AAAB
4(1/2/3!4)-^R/R/R+R/R^~^R/R/R⊥R/R	0	2	4	AAAB
4(1/2/3^4)-/R/R/R+R/R^~/R/R/R⊥R/R	0	2	4	AAAB
4(1/2/3⊥4)-+R/R/R+R/R^~+R/R/R⊥R	0	2	4	AAAB
4(1/2/3!4)-^R/R/R+R/R^~^R/R/R⊥R/R	0	2	4	AAAB
4(1/2/3^4)-/R/R/R+R/R^~/R/R/R⊥R/R	0	2	4	AAAB
4(1/2/3⊥4)-+R/R/R+R/R^~+R/R/R⊥R	0	2	4	AAAB
4(1/2/3!4)-^R/R/R+R/R^~^R/R/R⊥R/R	0	2	4	AAAB
4(1/2/3^4)-/R/R/R+R/R^~/R/R/R⊥R/R	0	2	4	AAAB
4(1/2/3⊥4)-+R/R/R+R/R^~+R/R/R⊥R	0	2	4	AAAB
4(1/2/3!4)-^R/R/R+R/R^~^R/R/R⊥R/R	0	2	4	AAAB

记录: 10 共有记录数: 15090

"数据表" 视图　CAPS　NUM

图 4-24　三移一转空间并联机构构型数据库

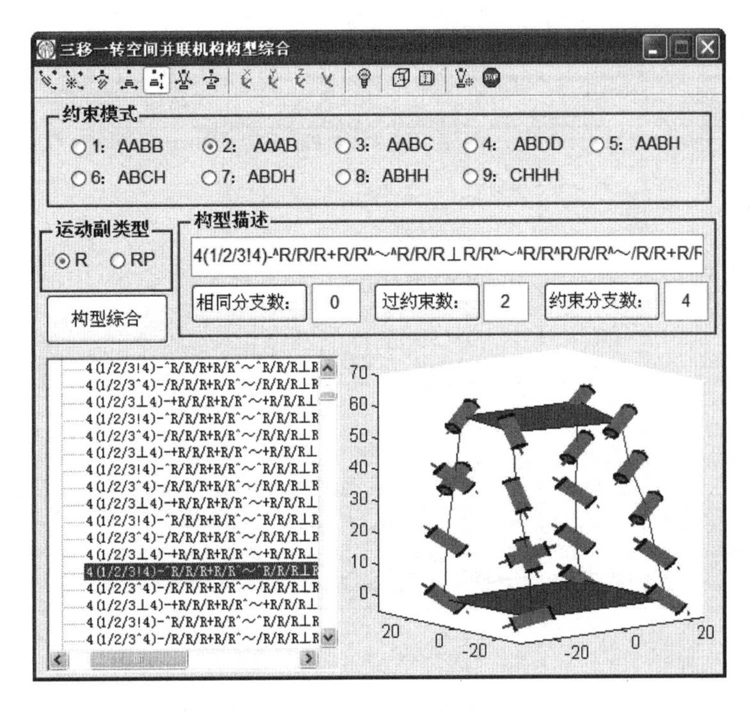

图 4-25　三移一转空间并联机构的人机交互显示界面

4.10　三转两移并联机构的数字化构型综合

动平台受到的独立约束是一个约束力，一般地，该约束力可以表示为

$$\boldsymbol{\$}_F^r = (a \quad b \quad c;\quad 0 \quad 0 \quad 0) \tag{4-39}$$

分支提供的约束类型可能是

$$\begin{cases} A = \boldsymbol{\$}_F^r \\ H = \boldsymbol{O} \end{cases} \tag{4-40}$$

三转两移并联机构的可行约束模式如表 4-21 所示。

表 4-21　三转两移并联机构的可行约束模式

约束模式	示意图	约束模式	示意图	约束模式	示意图	约束模式	示意图
AAAAA	*A A A A A* 动平台	*AAHHH*	*A A H H H* 动平台	*AAAH*	*A A A H* 动平台	*AAA*	*A A A* 动平台

续表 4-21

约束模式	示意图	约束模式	示意图	约束模式	示意图	约束模式	示意图
AAAAH	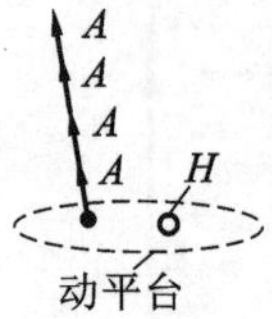 A A A A H 动平台	AHHHH	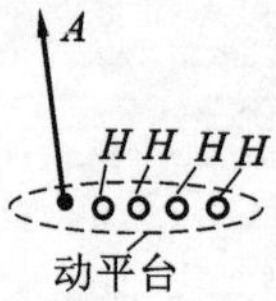 A H H H H 动平台	AAHH	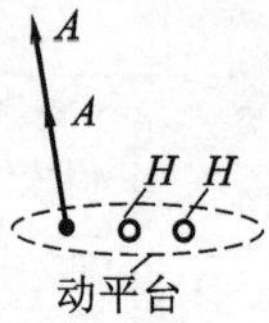 A A H H 动平台	AAH	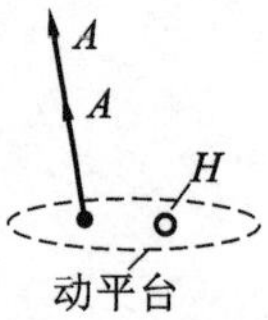 A A H 动平台
AAAHH	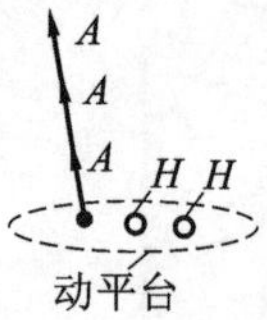 A A A H H 动平台	AAAA	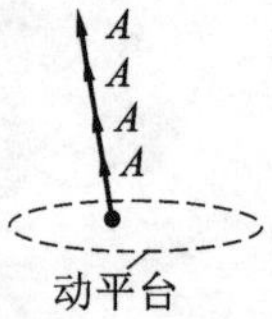 A A A A 动平台	AHHH	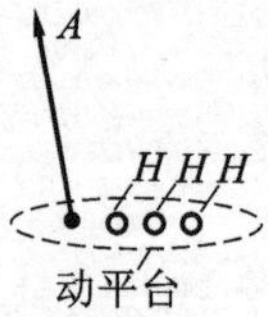 A H H H 动平台	AHH	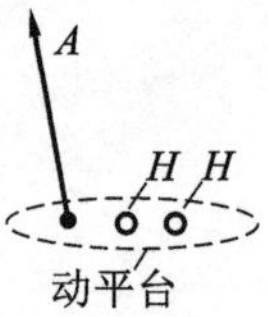 A H H 动平台

将各种可行约束模式下的三转两移并联机构综合出来并存储到如图 4-26 所示的构型数据库中。一个人机交互的软件界面被开发来显示数据库中的构型，如图 4-27 所示。

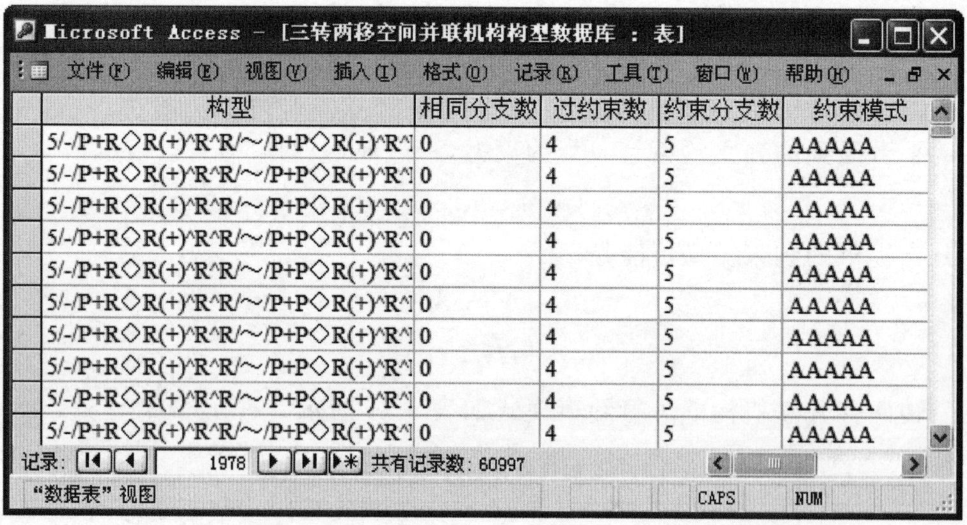

Microsoft Access - [三转两移空间并联机构构型数据库 : 表]

文件(F) 编辑(E) 视图(V) 插入(I) 格式(O) 记录(R) 工具(T) 窗口(W) 帮助(H)

构型	相同分支数	过约束数	约束分支数	约束模式
5/-/P+R◇R(+)^R^R/~/P+P◇R(+)^R^	0	4	5	AAAAA
5/-/P+R◇R(+)^R^R/~/P+P◇R(+)^R^	0	4	5	AAAAA
5/-/P+R◇R(+)^R^R/~/P+P◇R(+)^R^	0	4	5	AAAAA
5/-/P+R◇R(+)^R^R/~/P+P◇R(+)^R^	0	4	5	AAAAA
5/-/P+R◇R(+)^R^R/~/P+P◇R(+)^R^	0	4	5	AAAAA
5/-/P+R◇R(+)^R^R/~/P+P◇R(+)^R^	0	4	5	AAAAA
5/-/P+R◇R(+)^R^R/~/P+P◇R(+)^R^	0	4	5	AAAAA
5/-/P+R◇R(+)^R^R/~/P+P◇R(+)^R^	0	4	5	AAAAA
5/-/P+R◇R(+)^R^R/~/P+P◇R(+)^R^	0	4	5	AAAAA
5/-/P+R◇R(+)^R^R/~/P+P◇R(+)^R^	0	4	5	AAAAA

记录: 1978 共有记录数: 60997

"数据表" 视图 CAPS NUM

图 4-26 三转两移空间并联机构构型数据库

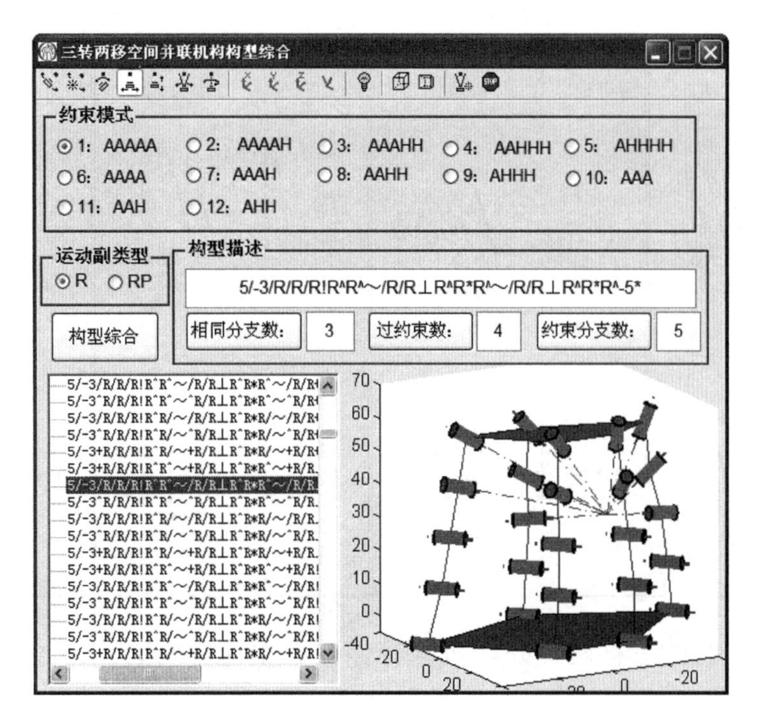

图 4-27 三转两移空间并联机构的人机交互显示界面

4.11 三移两转并联机构的数字化构型综合

动平台受到的独立约束是一个约束力偶，一般地，该约束力偶可以表示为

$$\boldsymbol{\$}_C^r = (0 \quad 0 \quad 0; \quad a \quad b \quad c) \tag{4-41}$$

分支的约束类型可能是

$$\begin{cases} A = \boldsymbol{\$}_C^r \\ H = \boldsymbol{O} \end{cases} \tag{4-42}$$

三移两转并联机构的可行约束模式如表 4-22 所示。

表 4-22 三移两转并联机构的可行约束模式

约束模式	示意图	约束模式	示意图	约束模式	示意图	约束模式	示意图
AAAAA	A A A A A 动平台	AAHHH	A A H H H 动平台	AAAH	A A A H 动平台	AAA	A A A 动平台

续表 4-22

约束模式	示意图	约束模式	示意图	约束模式	示意图	约束模式	示意图
AAAAH	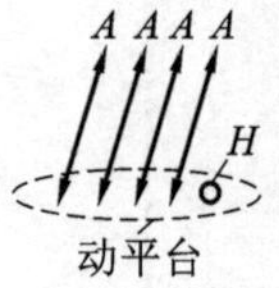 A A A A H 动平台	AHHHH	 A HHHH 动平台	AAHH	 A A H H 动平台	AAH	 A A H 动平台
AAAHH	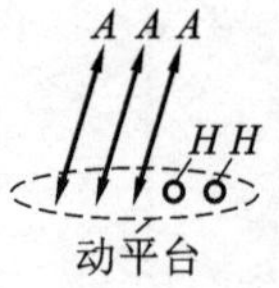 A A A H H 动平台	AAAA	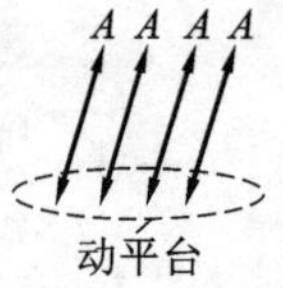 A A A A 动平台	AHHH	 A HHH 动平台	AHH	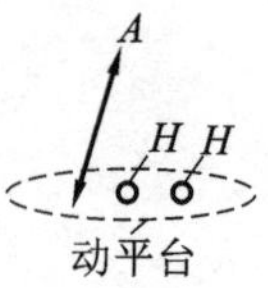 A H H 动平台

最后，将综合的三移两转并联机构存储到数据库中，如图 4-28 所示。相应的软件界面如图 4-29 所示。

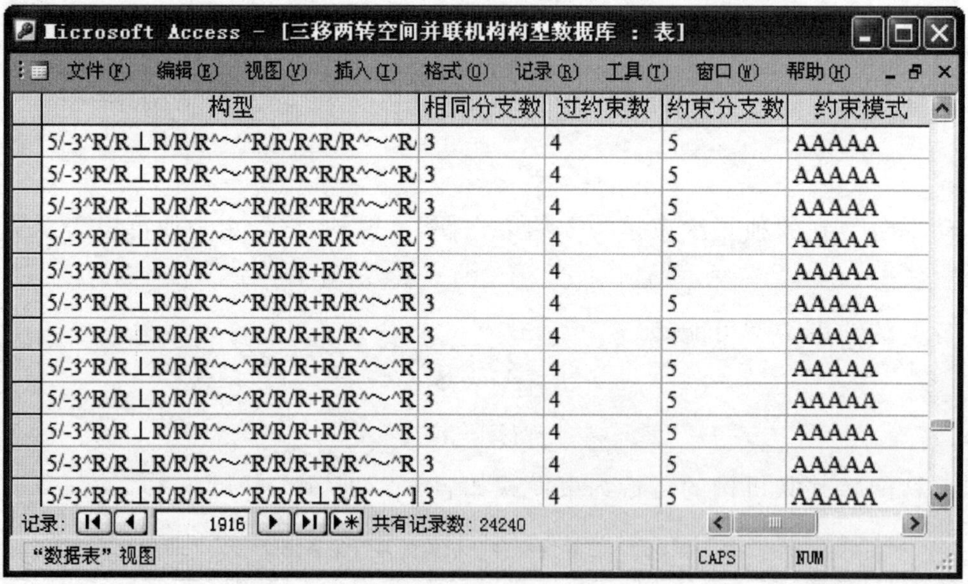

Microsoft Access - [三移两转空间并联机构构型数据库 : 表]

文件(F) 编辑(E) 视图(V) 插入(I) 格式(O) 记录(R) 工具(T) 窗口(W) 帮助(H)

构型	相同分支数	过约束数	约束分支数	约束模式
5/-3^R/R⊥R/R/R^~~^R/R/R^R/R^~~^R	3	4	5	AAAAA
5/-3^R/R⊥R/R/R^~~^R/R/R^R/R^~~^R	3	4	5	AAAAA
5/-3^R/R⊥R/R/R^~~^R/R/R^R/R^~~^R	3	4	5	AAAAA
5/-3^R/R⊥R/R/R^~~^R/R/R^R/R^~~^R	3	4	5	AAAAA
5/-3^R/R⊥R/R/R^~~^R/R/R+R/R^~~^R	3	4	5	AAAAA
5/-3^R/R⊥R/R/R^~~^R/R/R+R/R^~~^R	3	4	5	AAAAA
5/-3^R/R⊥R/R/R^~~^R/R/R+R/R^~~^R	3	4	5	AAAAA
5/-3^R/R⊥R/R/R^~~^R/R/R+R/R^~~^R	3	4	5	AAAAA
5/-3^R/R⊥R/R/R^~~^R/R/R+R/R^~~^R	3	4	5	AAAAA
5/-3^R/R⊥R/R/R^~~^R/R/R+R/R^~~^R	3	4	5	AAAAA
5/-3^R/R⊥R/R/R^~~^R/R/R+R/R^~~^R	3	4	5	AAAAA
5/-3^R/R⊥R/R/R^~~^R/R/R⊥R/R^~~^	3	4	5	AAAAA

记录: 1916 共有记录数: 24240

"数据表" 视图　CAPS　NUM

图 4-28　三移两转空间并联机构构型数据库

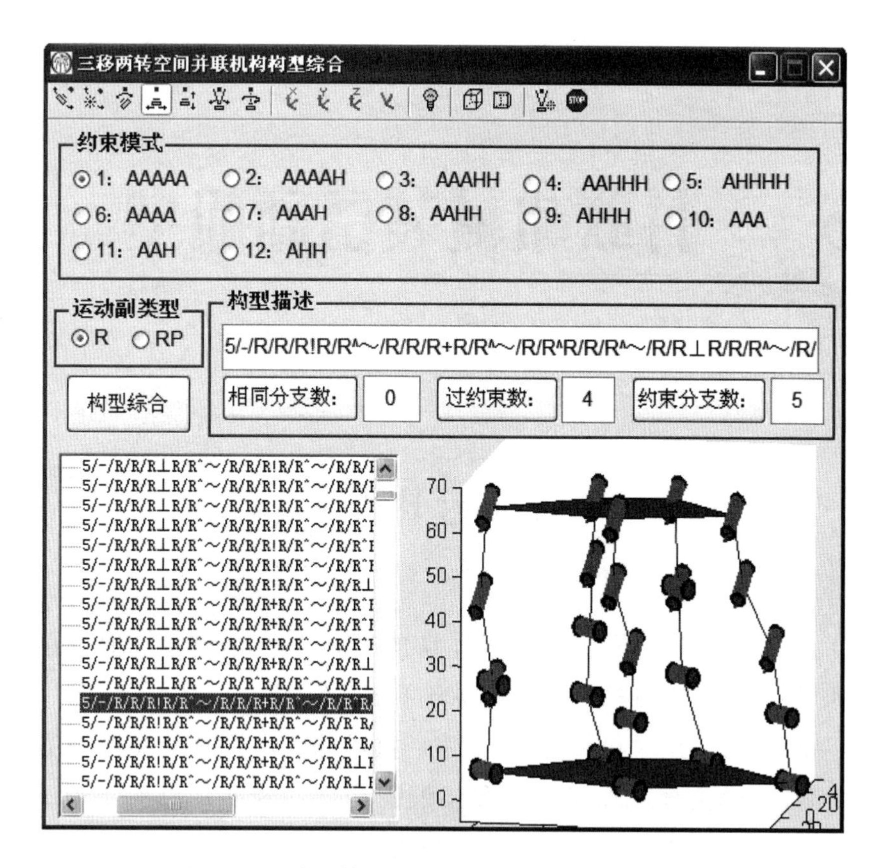

图 4-29 三移两转空间并联机构的人机交互显示界面

5 并联机械装备新机型

5.1 串并联机床新机型

2005 年，Neumann[54]发明了性能优良的 Exechon 串并联机床，该机床中的并联机构可以描述为“3(1|2! 3)—2/R+R+P◇R/～∧R∧R∗R! P△R/—3(1/2⊥3)”。Exechon 并联机构包含了两个过约束，由于过约束机构必然包含特殊的几何关系，这些关系增加了制造和装配的难度。因此，可以从“与 Exechon 机构构型相似，但无过约束”这一设计理念出发在建立的并联机构构型数据库中筛选新机型，如图 5-1 所示。

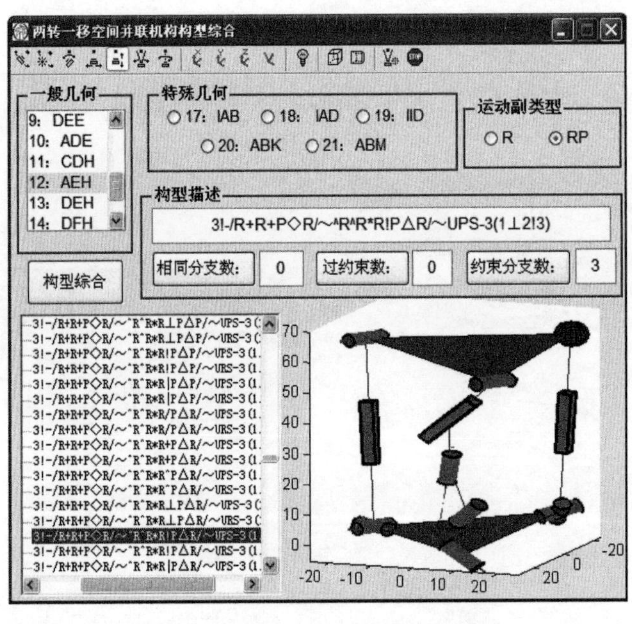

图 5-1　一个新的两转一移并联机构

该新机构描述为“3! —/R+R+P◇R/~∧R∧R*R! P△R/~UPS—3(1⊥2! 3)”,是来自两转一移并联机构数据库中的约束模式 AEH。

5.1.1 两个机构中的约束对比

新机构如图 5-2(a)所示,分支 1 是一个 UPR 分支;分支 2 是一个六自由度分支,如 UPS 或 SPU 等,考虑到驱动副实际布置需要,将该六自由度分支中的运动副设计成图中所示的 URPU;分支 3 是一个 SPR 分支。在动平台上,分支 1 和分支 2 的转动副平行,它们与分支 3 的转动副垂直。Exechon 并联机构如图 5-2(b)所示,分支 1 是一个 UPR 分支;分支 2 也是一个 UPR 分支;分支 3 是一个 SPR 分支。在静平台上,分支 1 和分支 2 的 U 副的第一个转动副共轴。在动平台上,分支 1 和分支 2 的转动副平行,它们与分支 3 的转动副垂直。可以看到两个机构只有分支 2 不同。新机构是六自由度分支,Exechon 并联机构是四自由度分支。

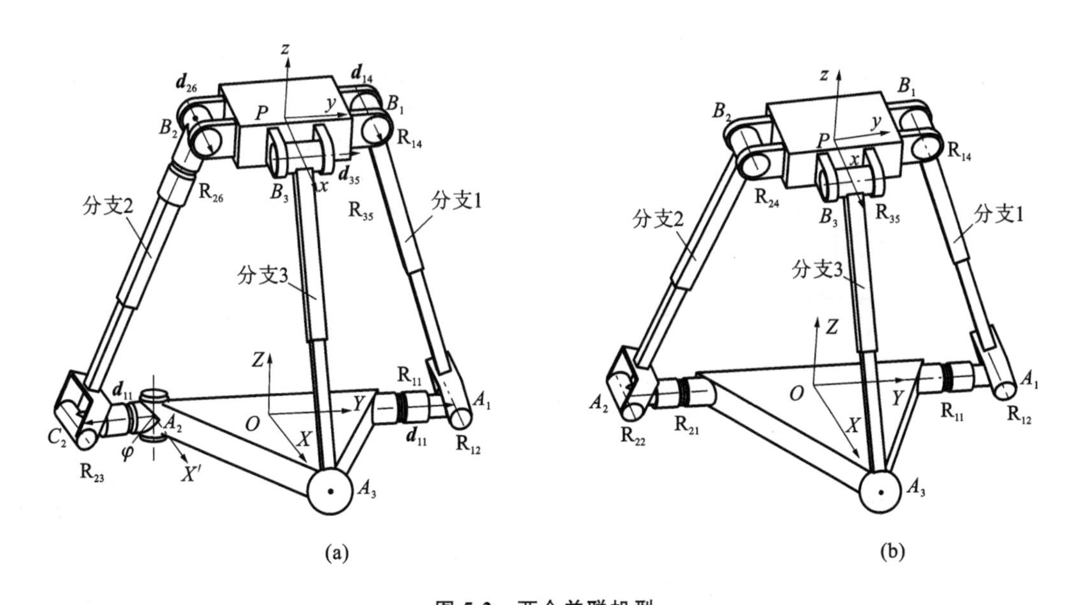

图 5-2 两个并联机型

(a)新机型;(b)Exechon 机型

5.1.1.1 新并联机构的约束分析

基于图 5-2(a)中的参考坐标系,分支 1 的运动螺旋系为

$$\boldsymbol{\$}_1=\begin{cases}\boldsymbol{\$}_{11}=[0,1,0;(0,m_{11},0)\times(0,1,0)]\\ \boldsymbol{\$}_{12}=[\cos\alpha_{12},0,\cos\gamma_{12};(0,m_{11},0)\times(\cos\alpha_{12},0,\cos\gamma_{12})]\\ \boldsymbol{\$}_{13}=[0,0,0;\cos\alpha_{13},\cos\beta_{13},-\cos\alpha_{12}\times\cos\alpha_{13}/\cos\gamma_{12}]\\ \boldsymbol{\$}_{14}=[\cos\alpha_{12},0,\cos\gamma_{12};(l_{14},m_{14},n_{14})\times(\cos\alpha_{12},0,\cos\gamma_{12})]\end{cases}\tag{5-1}$$

分支 3 的运动螺旋系为

$$\boldsymbol{\$}_3=\begin{cases}\boldsymbol{\$}_{31}=[\cos\alpha_{31},\cos\beta_{31},\cos\gamma_{31};(l_{31},m_{31},0)\times(\cos\alpha_{31},\cos\beta_{31},\cos\gamma_{31})]\\ \boldsymbol{\$}_{32}=[\cos\alpha_{32},\cos\beta_{32},\cos\gamma_{32};(l_{31},m_{31},0)\times(\cos\alpha_{32},\cos\beta_{32},\cos\gamma_{32})]\\ \boldsymbol{\$}_{33}=[\cos\alpha_{33},\cos\beta_{33},\cos\gamma_{33};(l_{31},m_{31},0)\times(\cos\alpha_{33},\cos\beta_{33},\cos\gamma_{33})]\\ \boldsymbol{\$}_{34}=[0,0,0;\cos\alpha_{34},\cos\beta_{34},\cos\gamma_{34}]\\ \boldsymbol{\$}_{35}=[\cos\alpha_{35},\cos\beta_{35},\cos\gamma_{35};(l_{35},m_{35},n_{35})\times(\cos\alpha_{35},\cos\beta_{35},\cos\gamma_{35})]\end{cases}\tag{5-2}$$

其中 $\cos\gamma_{35}=-(\cos\alpha_{34}\cos\alpha_{35}+\cos\beta_{35}\cos\beta_{34})/\cos\gamma_{34}$。

分支 1 的约束螺旋系为

$$\boldsymbol{\$}_1^r=\begin{cases}\boldsymbol{\$}_{11}^r=[\cos\alpha_{12},0,\cos\gamma_{12};m_{11}\cos\gamma_{12},0,-m_{11}\cos\alpha_{12}]\\ \boldsymbol{\$}_{12}^r=[0,0,0;-\cos\gamma_{12},0,\cos\alpha_{12}]\end{cases}\tag{5-3}$$

分支 2 是六自由度分支,不提供约束。分支 3 的约束螺旋系为

$$\boldsymbol{\$}_3^r=[\cos\alpha_{35},\cos\beta_{35},\cos\gamma_{35};m_{31}\cos\gamma_{35},-l_{31}\cos\alpha_{35},l_{31}\cos\beta_{35}-m_{31}\cos\alpha_{35}]\tag{5-4}$$

动平台的约束螺旋系的最简行矩阵形式为

$$\boldsymbol{\$}^r=\begin{pmatrix}1&0&E_{11}&0&F_{11}&G_{11}\\0&1&E_{12}&0&F_{12}&G_{12}\\0&0&0&1&0&0\end{pmatrix}\tag{5-5}$$

动平台约束螺旋系的秩为 $D=3$。过约束数目为 $\mu=3-D=0$。动平台的自由度为 $M_p=6-D=6-3=3$。机构的自由度为

$$M=6(n-g-1)+\sum_{i=1}^{g}f_i+\mu=6\times(9-10-1)+15+0=3\tag{5-6}$$

从式(5-5)知,该机构没有过约束,动平台受到两个约束力和一个约束力偶,因此它的自由度性质是两转一移。

在 SolidWorks 软件中建立上述机构的三维模型,如图 5-3 所示,可以验证上述分析结果。

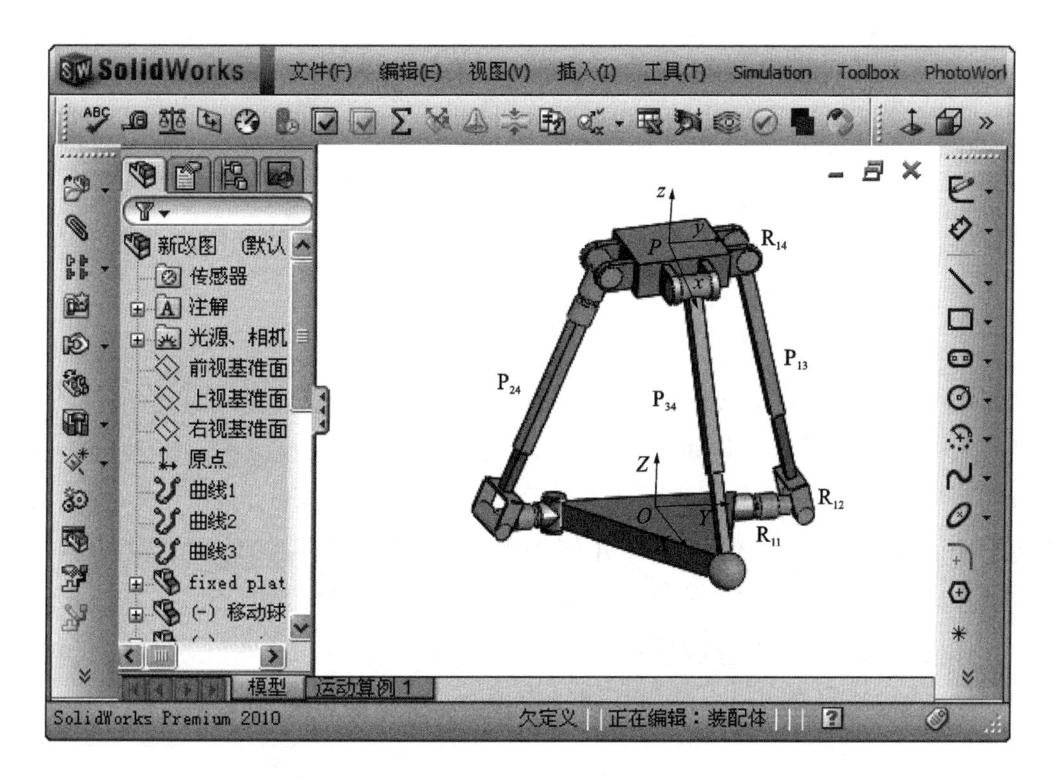

图 5-3　“3!—/R+R+P◇R/~ URPU~∧R∧R*R! P△R/—3(1/2⊥3)”并联机构三维模型

对于上述机构，无论选择哪两个单自由度运动副锁死，都有构件在运动，但选择运动副 P_{13}、P_{24} 和 P_{34} 锁死时，机构中所有构件不动，那么机构的自由度为 3。

对于上述机构，无论选择哪两个单自由度运动副锁死，动平台都在运动，但选择运动副 P_{13}、P_{24} 和 P_{34} 锁死时，动平台不动，那么动平台的自由度为 3。

在静平台上建立一个参考坐标系 $O\text{-}XYZ$，在动平台上建立一个与动平台固连的坐标系 $P\text{-}xyz$，在三维模型中添加装配约束，使两个坐标系平行，这时动平台只发生位置变化，即只有移动自由度。通过添加驱动副验证得到动平台只有一个移动自由度，又因为动平台总共有三个自由度，那么动平台必定含两个转动自由度。

5.1.1.2　Exechon 并联机构的约束分析

基于图 5-2(b)中的参考坐标系，Exechon 机构的分支 1 与分支 3 提供的约束与上述新机构的分支 1 和分支 3 的约束相同，分别如式(5-3)和式(5-4)所示。

Exechon 机构的分支 2 的运动螺旋系为

$$\$_{2}=\begin{cases}\$_{21}=[0,1,0;(0,m_{11},0)\times(0,1,0)]\\ \$_{22}=[\cos\alpha_{12},0,\cos\gamma_{12};(0,m_{11},0)\times(\cos\alpha_{12},0,\cos\gamma_{12})]\\ \$_{23}=[0,0,0;\cos\alpha_{23},\cos\beta_{23},-\cos\alpha_{12}\times\cos\alpha_{23}/\cos\gamma_{12}]\\ \$_{24}=[\cos\alpha_{12},0,\cos\gamma_{12};(l_{14},m_{14},n_{14})\times(\cos\alpha_{12},0,\cos\gamma_{12})]\end{cases}\tag{5-7}$$

分支 2 的约束螺旋系为

$$\$_{2}^{r}=\begin{cases}\$_{21}^{r}=[\cos\alpha_{12},0,\cos\gamma_{12};m_{11}\cos\gamma_{12},0,-m_{11}\cos\alpha_{12}]\\ \$_{22}^{r}=[0,0,0;-\cos\gamma_{12},0,\cos\alpha_{12}]\end{cases}\tag{5-8}$$

式(5-3)和式(5-8)中的约束相同，Exechon 机构中分支 2 提供了两个过约束。

Exechon 机构只有在保证 R_{11} 与 R_{21} 之间的共轴关系，且 R_{12}、R_{14}、R_{21} 和 R_{24} 之间的平行关系的条件下分支 2 提供的两个约束才是过约束。也就是说，如果加工和装配精度不够高，不能保证这些几何关系，则分支 2 提供的约束会使机构的自由度减少，使得机构不能输出两个转动和一个移动。因此，对 Exechon 机床有严格的几何要求，增加了制造和装配困难。新机构与 Exechon 并联机构相比，两者有相同的输出运动，然而，新机构几何关系简单，使得制造和装配变得容易。

5.1.2 位置反解对比

5.1.2.1 新机型的位置反解

建立如图 5-2(a)所示的坐标系，动平台的姿态用 ZYX 欧拉角表示为

$$\boldsymbol{R}_{ZYX}=\boldsymbol{R}(Z,\alpha)\boldsymbol{R}(Y,\beta)\boldsymbol{R}(X,\gamma)=\begin{bmatrix}n_x & o_x & a_x\\ n_y & o_y & a_x\\ n_z & o_z & a_x\end{bmatrix}\tag{5-9}$$

假设动平台中心点 P 在定坐标系中的坐标为

$$\boldsymbol{P}=\begin{bmatrix}P_x\\ P_y\\ P_z\end{bmatrix}^{\mathrm{T}}\tag{5-10}$$

动平台的三个角点 B_1、B_2、B_3 在动坐标系中的坐标为

$$^{p}\boldsymbol{B}_1=\begin{bmatrix}0\\ b_1\\ 0\end{bmatrix},\ ^{p}\boldsymbol{B}_2=\begin{bmatrix}0\\ b_2\\ 0\end{bmatrix},\ ^{p}\boldsymbol{B}_3=\begin{bmatrix}a_3\\ 0\\ 0\end{bmatrix}\tag{5-11}$$

定平台的三个角点 A_1、A_2、A_3 在定坐标系中的坐标为

$$^{\circ}\boldsymbol{A}_1=\begin{bmatrix}0\\e_1\\0\end{bmatrix},{}^{\circ}\boldsymbol{A}_2=\begin{bmatrix}0\\e_2\\0\end{bmatrix},{}^{\circ}\boldsymbol{A}_3=\begin{bmatrix}d_3\\0\\0\end{bmatrix} \tag{5-12}$$

利用坐标系间的坐标变换公式，可得 B_1、B_2、B_3 在定坐标系中的坐标为

$$^{\circ}\boldsymbol{B}_1=\begin{bmatrix}b_1o_x+P_x\\b_1o_y+P_y\\b_1o_z+P_z\end{bmatrix},{}^{\circ}\boldsymbol{B}_2=\begin{bmatrix}b_2o_x+P_x\\b_2o_y+P_y\\b_2o_z+P_z\end{bmatrix},{}^{\circ}\boldsymbol{B}_3=\begin{bmatrix}a_3n_x+P_x\\a_3n_y+P_y\\a_3n_z+P_z\end{bmatrix} \tag{5-13}$$

利用 R_{14} 的方向向量 $\boldsymbol{d}_{14}$ 与 R_{11} 的方向向量 $\boldsymbol{d}_{11}$ 垂直，建立第一个方程：

$$\boldsymbol{d}_{14}\cdot\boldsymbol{d}_{11}=0 \tag{5-14}$$

由式(5-14)可以得到

$$\cos\beta\sin\lambda=0 \tag{5-15}$$

那么 $\beta=\pm\pi/2$，或者 $\gamma=0$。考虑到在正常的运动范围内，动平台的偏转不能达到 90°，所以取 $\gamma=0$。

由点 A_1 和点 B_1 的坐标，可以得到向量 $\boldsymbol{A}_1\boldsymbol{B}_1$，利用 $\boldsymbol{A}_1\boldsymbol{B}_1$ 与 $\boldsymbol{d}_{14}$ 垂直，建立第二个方程：

$$\boldsymbol{d}_{14}\cdot\boldsymbol{A}_1\boldsymbol{B}_1=0 \tag{5-16}$$

由式(5-16)可以得到

$$P_x\cos\beta-P_z\sin\beta=0 \tag{5-17}$$

解得

$$P_x=P_z\tan\beta \tag{5-18}$$

由点 A_3 和点 B_3 的坐标，可以得到向量 $\boldsymbol{A}_3\boldsymbol{B}_3$，利用 $\boldsymbol{A}_3\boldsymbol{B}_3$ 与 R_{35} 的方向向量 $\boldsymbol{d}_{35}$ 垂直，建立第三个方程：

$$\boldsymbol{d}_{35}\cdot\boldsymbol{A}_3\boldsymbol{B}_3=0 \tag{5-19}$$

由这个方程可以得到

$$P_y\cos\alpha+P_z\cos\beta\sin\alpha+P_x\sin\alpha\sin\beta-d_3\sin\alpha\sin\beta=0 \tag{5-20}$$

将式(5-18)代入式(5-20)，可得

$$P_y=\frac{d_3\cos\beta\sin\alpha\sin\beta-P_2\cos^2\beta\sin\alpha-P_z\sin\alpha\sin^2\beta}{\cos\beta\cos\alpha} \tag{5-21}$$

假定点 A_2 和点 C_2 的距离为 m，这两点确定的向量 $\boldsymbol{A}_2\boldsymbol{C}_2$ 与 Y 轴的夹角为 φ，那么点 C_2 的坐标可以表示为 $(m\cos\varphi,-m\sin\varphi,0)$。

由点 B_2 和点 C_2 的坐标得到向量 $\boldsymbol{B}_2\boldsymbol{C}_2$，利用 $\boldsymbol{B}_2\boldsymbol{C}_2$ 与 R_{26} 的方向向量 $\boldsymbol{d}_{26}$ 垂直，

可以建立一个方程：

$$\boldsymbol{d}_{26}\cos\beta + m\cos\beta\cos\varphi = 0 \tag{5-22}$$

从而可以确定 φ，进一步 C_2 坐标得以确定。

当给定动平台的三个独立参数 α、β 和 P_z 后，非独立参数 γ、P_x、P_y 和 φ 分别由式(5-15)、式(5-18)、式(5-21)和式(5-22)确定，从而得到了三个驱动杆长表达式：

$$\begin{cases} L_1 = |\boldsymbol{A}_1\boldsymbol{B}_1| \\ L_2 = |\boldsymbol{C}_2\boldsymbol{B}_2| \\ L_3 = |\boldsymbol{A}_3\boldsymbol{B}_3| \end{cases} \tag{5-23}$$

5.1.2.2 Exechon 并联机构的位置反解

如图 5-2(b)所示，在 Exechon 机构中建立与新机构的位置反解相同的坐标系，可以得到 Exechon 机构位置反解过程就是式(5-21)之前的内容，可以得到 Exechon机构的三个驱动杆长表达式：

$$\begin{cases} L_1 = |\boldsymbol{A}_1\boldsymbol{B}_1| \\ L_2 = |\boldsymbol{A}_2\boldsymbol{B}_2| \\ L_3 = |\boldsymbol{A}_3\boldsymbol{B}_3| \end{cases} \tag{5-24}$$

对比式(5-23)和式(5-24)，Exechon 机构的分支 1 和分支 3 的驱动杆长表达式与新机构的分支 1 和分支 3 的驱动杆长表达式完全相同，只有分支 2 的驱动杆长表达式不同。

5.2 手术机器人新机型

5.2.1 现存的机型

手术机器人工作示意图如图 5-4(a)所示，要求机械手的自由度性质是三转一移。Chung 等[104]利用一个五分支并联机构 4UPS-SP 开发了一个介入式手术机器人，如图 5-4(b)所示。Li 和 Payandeh[105]基于 3-RRR 球面并联机构设计了一种腹腔镜手术机器人，如图 5-4(c)所示。

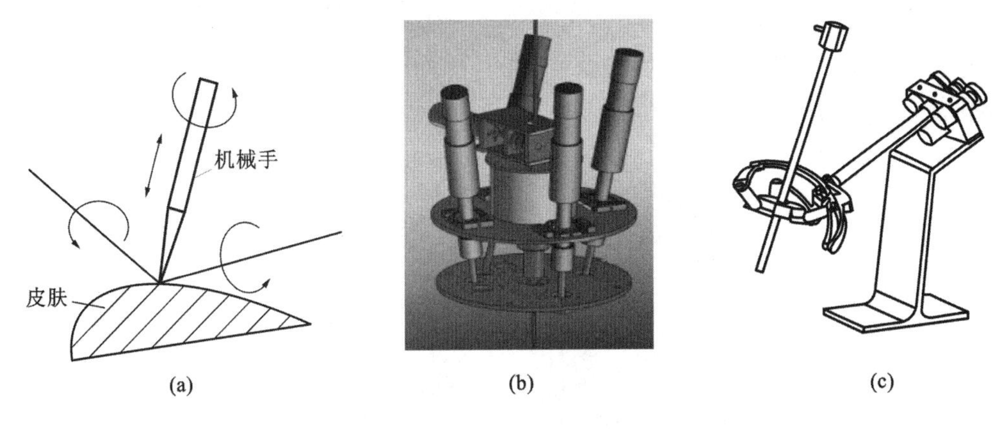

图 5-4　手术机器人

(a)工作示意图;(b)4UPS-SP 手术机器人;(c)3-RRR 手术机器人

5.2.2　新机型

根据手术机器人的运动特征,在三转一移空间并联机构构型数据库中,筛选了一种如图 5-5 所示的新机构,该机构来自三转一移并联机构的约束模式 $ABHH$。

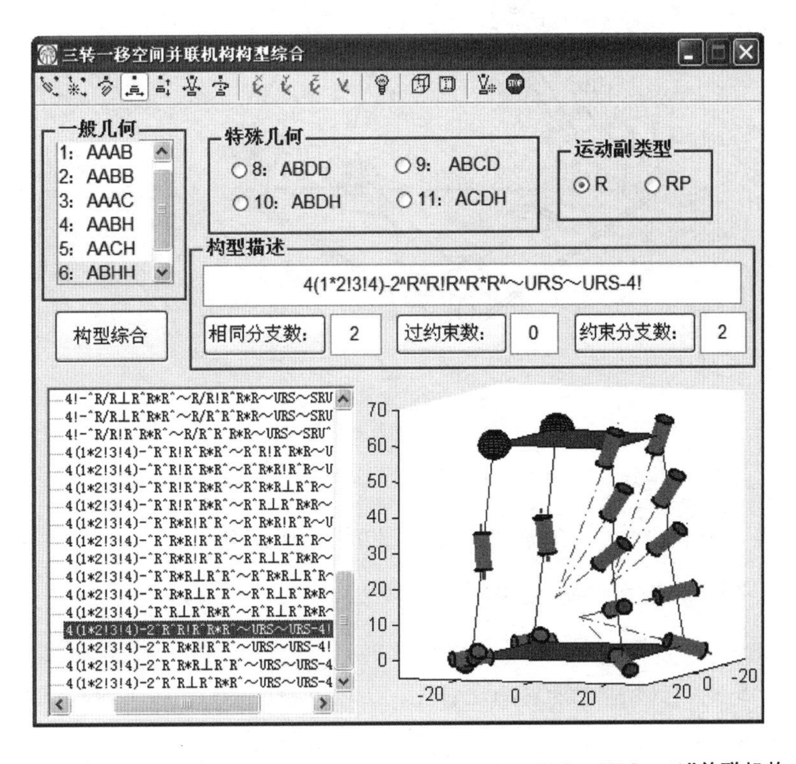

图 5-5　“4(1∗2！3！4)—2∧R∧R！R∧R∗R∧～URS～URS—4！”并联机构

如图 5-6(a)所示，该机型是由两个 RRS 分支和两个不提供约束的六自由度分支 URS 构成，其中两个 RRS 分支的四个转动副在一点汇交。该机型也可以去掉一个六自由度分支，如图 5-6(b)所示。

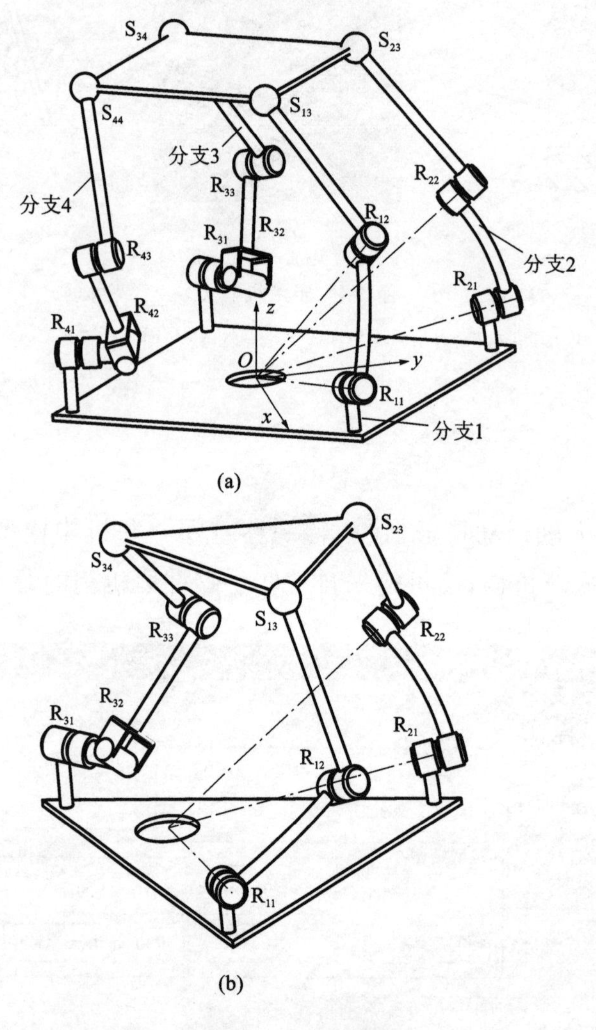

图 5-6 两个新机型

(a)新机型一；(b)新机型二

建立如图 5-6(a)所示的坐标系，分支 1 的运动螺旋系为

$$
\$_1=\begin{Bmatrix}
\$_{11}=[\cos\alpha_{11},\cos\beta_{11},\cos\gamma_{11};0,0,0] \\
\$_{12}=[\cos\alpha_{12},\cos\beta_{12},\cos\gamma_{12};0,0,0] \\
\$_{13}=[\cos\alpha_{13},\cos\beta_{13},\cos\gamma_{13};(l_{13},m_{13},n_{13})\times(\cos\alpha_{13},\cos\beta_{13},\cos\gamma_{13})] \\
\$_{14}=[\cos\alpha_{14},\cos\beta_{14},\cos\gamma_{14};(l_{13},m_{13},n_{13})\times(\cos\alpha_{14},\cos\beta_{14},\cos\gamma_{14})] \\
\$_{15}=[\cos\alpha_{15},\cos\beta_{15},\cos\gamma_{15};(l_{13},m_{13},n_{13})\times(\cos\alpha_{15},\cos\beta_{15},\cos\gamma_{15})]
\end{Bmatrix} \tag{5-25}
$$

分支 1 的约束螺旋系为

$$\$_1^r = [l_{13}, m_{13}, n_{13}; 0, 0, 0] \tag{5-26}$$

分支 2 的运动螺旋系为

$$\$_2 = \begin{cases} \$_{21} = [\cos\alpha_{21}, \cos\beta_{21}, \cos\gamma_{21}; 0, 0, 0] \\ \$_{22} = [\cos\alpha_{22}, \cos\beta_{22}, \cos\gamma_{22}; 0, 0, 0] \\ \$_{23} = [\cos\alpha_{23}, \cos\beta_{23}, \cos\gamma_{23}; (l_{23}, m_{23}, n_{23}) \times (\cos\alpha_{23}, \cos\beta_{23}, \cos\gamma_{23})] \\ \$_{24} = [\cos\alpha_{24}, \cos\beta_{24}, \cos\gamma_{24}; (l_{23}, m_{23}, n_{23}) \times (\cos\alpha_{24}, \cos\beta_{24}, \cos\gamma_{24})] \\ \$_{25} = [\cos\alpha_{25}, \cos\beta_{25}, \cos\gamma_{25}; (l_{23}, m_{23}, n_{23}) \times (\cos\alpha_{25}, \cos\beta_{25}, \cos\gamma_{25})] \end{cases} \tag{5-27}$$

分支 2 的约束螺旋系为

$$\$_2^r = [l_{23}, m_{23}, n_{23}; 0, 0, 0] \tag{5-28}$$

动平台的约束螺旋系为

$$\begin{cases} \$_1^r = [l_{13}, m_{13}, n_{13}; 0, 0, 0] \\ \$_2^r = [l_{23}, m_{23}, n_{23}; 0, 0, 0] \end{cases} \tag{5-29}$$

动平台约束螺旋系的秩为 $D=2$。过约束数目为 $\mu = 2-2 = 0$。动平台的自由度为 $M_p = 6 - D = 6 - 2 = 4$。那么机构的自由度为

$$M' = 6(n-g-1) + \sum_{i=1}^{g} f_i + \mu = 6 \times (10-12-1) + 22 + 0 = 4 \tag{5-30}$$

动平台受到两个相交的约束力，动平台输出的自由度性质为三转一移，这与 4UPS-SP 机型相同，分支的数目比 4UPS-SP 机型少。新机型与 3-RRR 机型相比，汇交轴线少，制造装配容易。

在 SolidWorks 软件中建立上述机构的三维模型，如图 5-7 所示。无论选择哪三个单自由度运动副锁死，都有构件在运动，但选择运动副 R_{11}、R_{21}、R_{31} 和 R_{41} 锁死时，机构中所有构件不动，那么机构的自由度为 4。

对于上述机构，无论选择哪三个单自由度运动副锁死，动平台都在运动，但选择运动副 R_{11}、R_{21}、R_{31} 和 R_{41} 锁死时，动平台不动，那么动平台的自由度为 4。

在静平台上建立一个参考坐标系 $O\text{-}XYZ$，在动平台上建立一个与动平台固连的坐标系 $P\text{-}xyz$，在三维模型中添加装配约束，使两个坐标系平行，这时动平台只发生位置变化，即只有移动自由度。通过添加驱动副验证得到动平台只有一个移动自由度，又因为动平台总共有四个自由度，那么动平台必定含三个转动自由度。

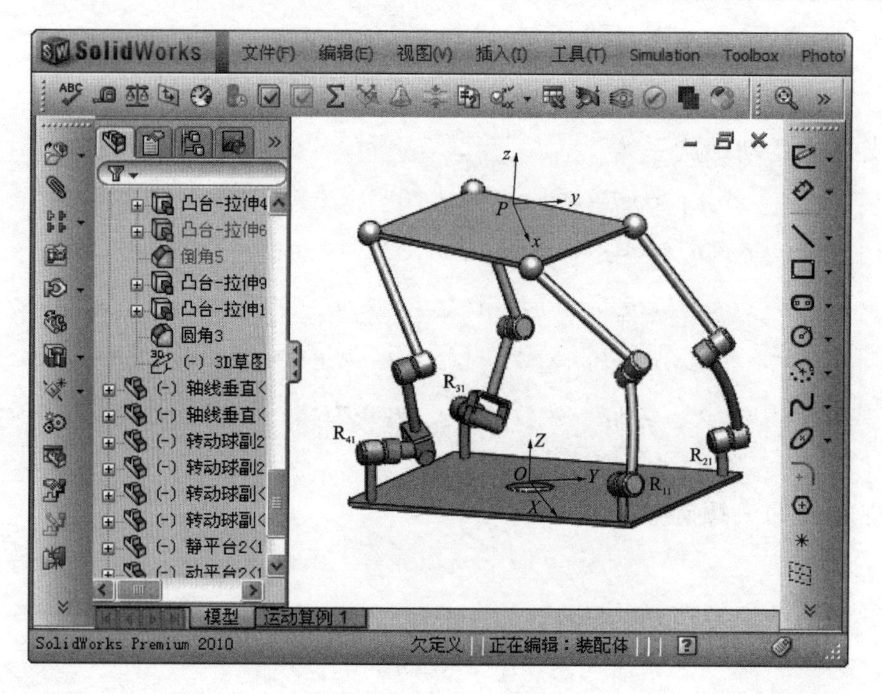

图 5-7 “4(1 * 2!3!4)—2∧R∧R! R∧R * R∧～URS～URS—4!”并联机构三维模型

5.3 CT 扫描仪新机型

5.3.1 现存的机型

CT 扫描仪末端件的期望输出是三个平移和两个转动。参考文献[106]中提出一种基于五自由度并联机构的 CT 扫描仪，该机构包含两个相同的 URU 分支和一个 SRU 分支，如图 5-8(a)所示。然而，事实上，该机构在连续运动中自由度性质是变化的，可能是三移两转或三转两移[40]。

在图 5-8(a)所示的初始位形中，对于分支 1，R_{11} 平行于 R_{15}，R_{12}、R_{13} 和 R_{14} 相互平行并垂直于 R_{11} 和 R_{15}。分支 2 的几何结构与分支 1 相同。R_{11} 和 R_{21} 是共线的，R_{15} 和 R_{25} 也是共线的。根据螺旋理论，分支 3 不对动平台提供约束。

在静平台上建立固定坐标系，z 轴垂直于基准面向上，y 轴平行于 R_{11}。分支 1 的运动螺旋系表示为

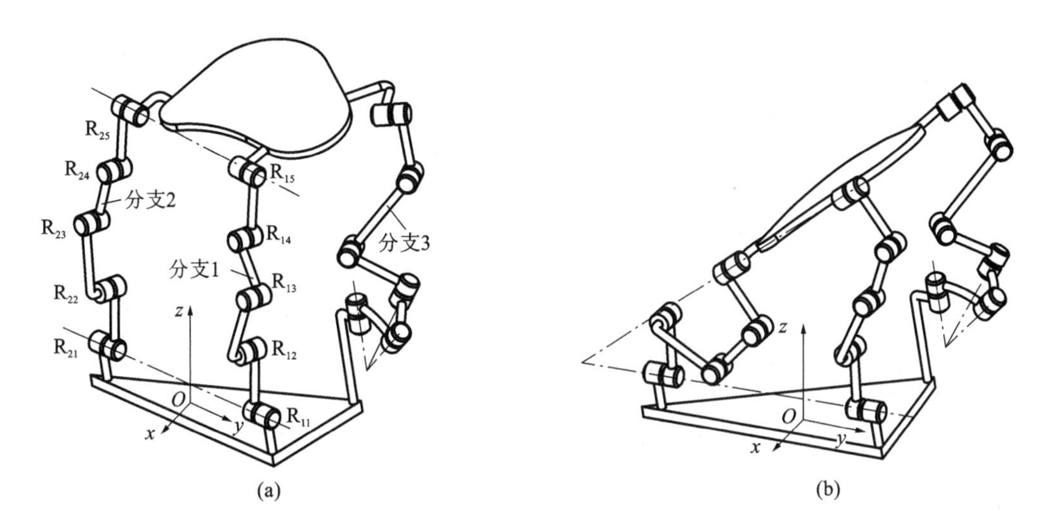

图 5-8 现存机型的两种位形

(a)初始位形;(b)运动后位形

$$\boldsymbol{\$}_1=\begin{cases}\boldsymbol{\$}_{11}=[0,1,0;(l_{11},m_{11},n_{11})\times(0,1,0)]\\\boldsymbol{\$}_{12}=[1,0,0;(l_{12},m_{12},n_{12})\times(1,0,0)]\\\boldsymbol{\$}_{13}=[1,0,0;(l_{13},m_{13},n_{13})\times(1,0,0)]\\\boldsymbol{\$}_{14}=[1,0,0;(l_{14},m_{14},n_{14})\times(1,0,0)]\\\boldsymbol{\$}_{15}=[0,1,0;(l_{15},m_{15},n_{15})\times(0,1,0)]\end{cases}\tag{5-31}$$

可以得到分支 1 的力螺旋系为

$$\boldsymbol{\$}_1^r=(0,\ 0,\ 0;\ 0,\ 0,\ 1)\tag{5-32}$$

表示一个垂直于 R_{11} 和 R_{12} 的约束力偶。

同样地,分支 2 的力螺旋系为

$$\boldsymbol{\$}_2^r=\boldsymbol{\$}_1^r=(0,\ 0,\ 0;\ 0,\ 0,\ 1)\tag{5-33}$$

因此,动平台施加了一个独立的约束力偶,它可以关于 x 轴和 y 轴输出三个移动和两个转动。

动平台绕 x 轴旋转之后,其位形如图 5-8(b)所示。然而,分支 1 的运动螺旋系变为

$$\boldsymbol{\$}_1=\begin{cases}\boldsymbol{\$}'_{11}=[0,1,0;(l'_{11},m'_{11},n'_{11})\times(0,1,0)]\\\boldsymbol{\$}'_{12}=[1,0,0;(l'_{12},m'_{12},n'_{12})\times(1,0,0)]\\\boldsymbol{\$}'_{13}=[1,0,0;(l'_{13},m'_{13},n'_{13})\times(1,0,0)]\\\boldsymbol{\$}'_{14}=[1,0,0;(l'_{14},m'_{14},n'_{14})\times(1,0,0)]\\\boldsymbol{\$}'_{15}=[0,\cos\beta_{15},\cos\gamma_{15};(l'_{11},m'_{11},n'_{11})\times(0,\cos\beta_{15},\cos\gamma_{15})]\end{cases}\tag{5-34}$$

分支 1 的力螺旋系为

$$\$_1^r = (1,0,0;(l'_{11},m'_{11},n'_{11}) \times (1,0,0)) \tag{5-35}$$

表示一个过 R_{11} 和 R_{15} 的交点且平行于 R_{12} 的约束力。

同样地，分支 2 的力螺旋系为

$$\$_2^r = \$_1^r = (1,0,0;(l'_{11},m'_{11},n'_{11}) \times (1,0,0)) \tag{5-36}$$

在这种情况下，运动平台施加了一个独立的约束力，它可以输出三个转动和两个移动。

基于上述分析，该机构在连续运动中可能输出三移两转，也可能输出三转两移，但是三转两移并不是期望的输出运动，所以现行的机构不一定是最合适的机型。

5.3.2　新机型

根据要求的运动特征，筛选了一种如图 5-9 所示的新机构，该机构来自三移两转并联机构的约束模式 *AAH*。

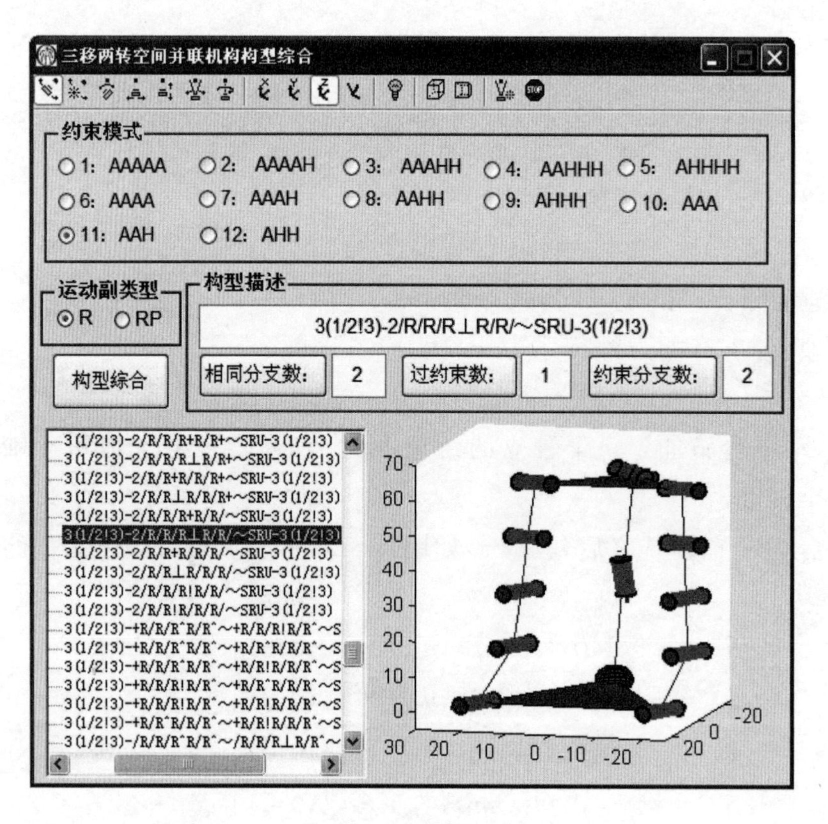

图 5-9　一种新的机构

新机构“3(1/2!3)—2/R/R/R⊥R/R/～SRU—3(1/2!3)”如图 5-10 所示，R_{11}、R_{12}和 R_{13}相互平行。R_{13}垂直于 R_{14}，R_{14}和 R_{15}相互平行。分支 2 的几何结构与分支 1 相同。R_{11}和 R_{21}相互平行，R_{15}和 R_{25}相互平行。

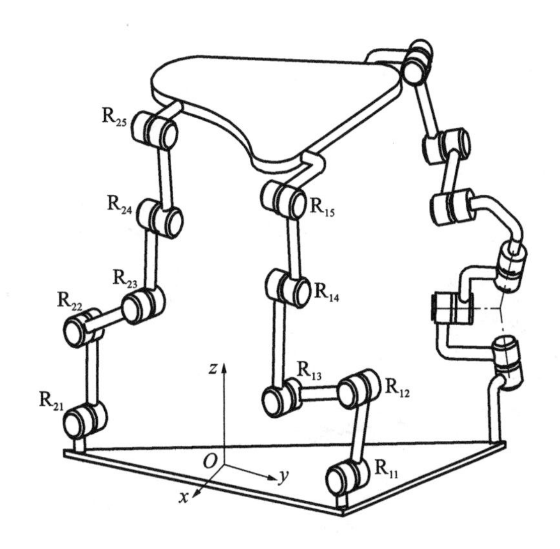

图 5-10 CT 扫描仪新机型

建立如图 5-10 所示的坐标系，分支 1 的运动螺旋系表示为

$$\boldsymbol{\$}_1=\begin{cases}\boldsymbol{\$}_{11}=[1,0,0;(l_{11},m_{11},n_{11})\times(1,0,0)]\\\boldsymbol{\$}_{12}=[1,0,0;(l_{12},m_{12},n_{12})\times(1,0,0)]\\\boldsymbol{\$}_{13}=[1,0,0;(l_{13},m_{13},n_{13})\times(1,0,0)]\\\boldsymbol{\$}_{14}=[0,1,0;(l_{14},m_{14},n_{14})\times(0,1,0)]\\\boldsymbol{\$}_{15}=[0,1,0;(l_{15},m_{15},n_{15})\times(0,1,0)]\end{cases}\tag{5-37}$$

可以得到分支 1 的约束螺旋为

$$\boldsymbol{\$}_1^r=(0,\ 0,\ 0;\ 0,\ 0,\ 1)\tag{5-38}$$

分支 2 的约束螺旋与分支 1 的相同，动平台约束螺旋系的秩为 $D=1$。过约束数目为 $\mu=2-1=1$。动平台的自由度为 $M_p=6-D=6-1=5$。那么机构的自由度为

$$M=6(n-g-1)+\sum_{i=1}^{g}f_i+\mu=6\times(15-16-1)+16+1=5\tag{5-39}$$

动平台受到一个独立的约束力偶，自由度性质为三移两转。

与现有的机构相比，上述新机构与现存的机构构型相似，但新机构在连续运

动中能稳定输出三个移动和两个转动，装配更加简单。

上述新机构的分析结果可以在SolidWorks软件中建立三维模型来验证，如图5-11所示。

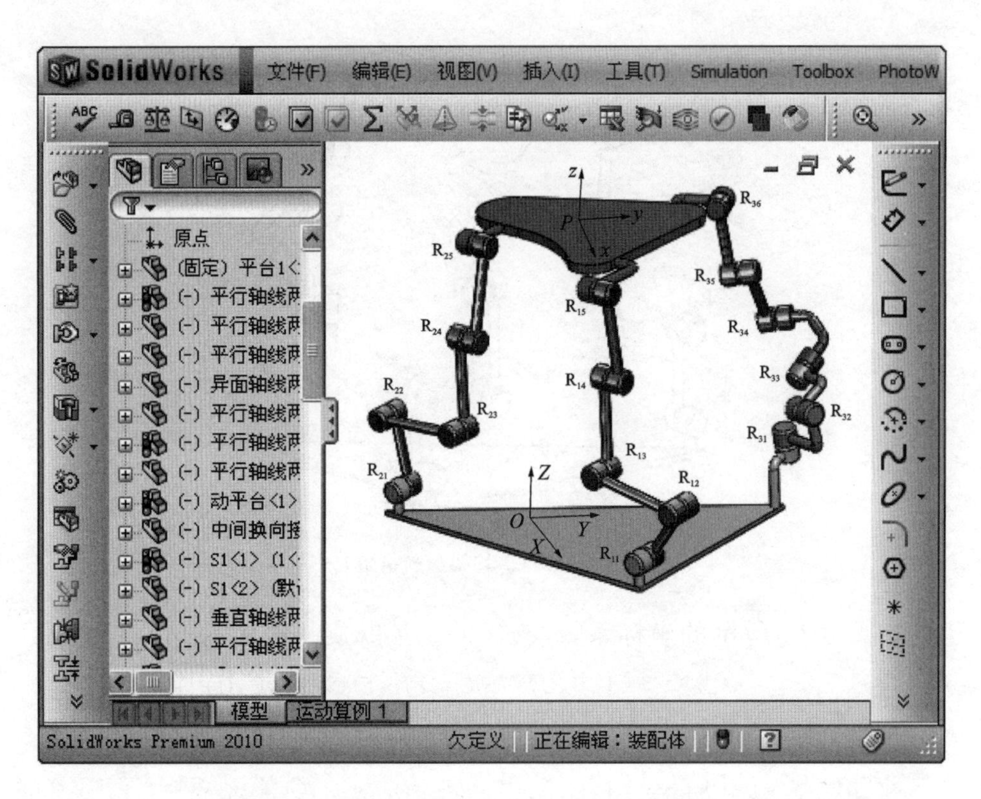

图 5-11 "3(1/2!3)—2/R/R/R⊥R/R/~SRU—3(1/2!3)"并联机构的三维模型

无论选择哪四个单自由度运动副锁死，都有构件在运动，但选择运动副R_{11}、R_{12}、R_{21}、R_{22}和R_{31}锁死时，机构中所有构件不动，那么机构的自由度为5。

对于上述机构，无论选择哪四个单自由度运动副锁死，动平台都在运动，但选择运动副R_{11}、R_{12}、R_{21}、R_{22}和R_{31}锁死时，动平台不动，那么动平台的自由度为5。

在静平台上建立一个参考坐标系$O\text{-}XYZ$，在动平台上建立一个与动平台固连的坐标系$P\text{-}xyz$，在三维模型中添加装配约束，使两个坐标系平行，这时动平台只发生位置变化，即只有移动自由度。通过添加驱动副验证得到动平台只有三个移动自由度，又因为动平台总共有五个自由度，那么动平台必定含两个转动自由度。

一类重要空间耦合链机构的自由度分析

6.1 运动螺旋方程的基本概念

一些空间耦合链机构已经成功应用到工业和工艺品领域，如锻造操作机[107]、变色球[108]、魔方块[109]等。相对于空间并联机构，空间耦合链机构能实现某些特殊的运动，有更好的刚度和承载能力。到目前为止，空间耦合链机构的构型创新设计主要依赖于设计者的经验与逻辑推理，尚未有较为系统的研究方法。

空间耦合链机构形式多样，种类繁多。两层两环空间耦合链机构（简称两层两环空间机构）是其中非常重要的一类，其构型示意图如图 6-1(a)所示。这类机构是构建更加复杂的空间耦合链机构的基本单元，如图 6-1(b)所示的空间耦合链机构可被看作由两个两层两环机构合并而成。因此，下面以两层两环空间机构为研究对象。

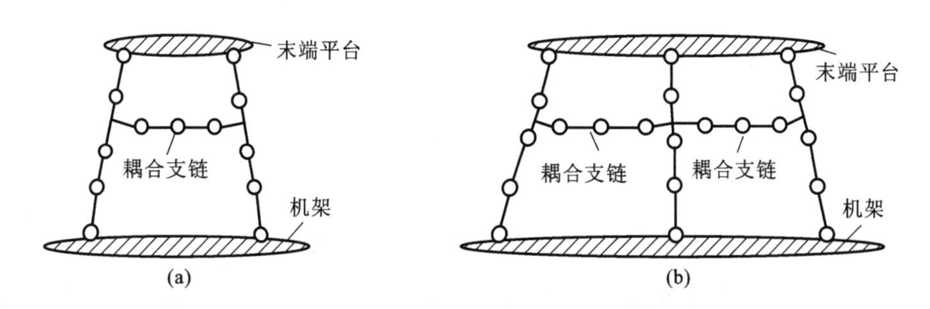

图 6-1　空间耦合链机构

(a)两层两环空间机构构型示意图；(b)复杂的空间耦合链机构的示意图

与空间并联机构的分支不同，耦合支链既不与机架相连，也不与末端平台相连,那么它提供的约束和运动没有直接作用于末端平台。分析并联机构的经典方法——基于螺旋理论的约束分析法和基于群论的运动分析法很难直接应用于这类机构。到目前为止,耦合支链带来的耦合关系的数学模型尚未被建立。

如图 6-2(a)所示的含 n 个单自由度运动副的串联支链,末端件的运动螺旋系(也称为该支链的运动螺旋系)为

$$\xi_e \$_e = \xi_1 \$_1 + \xi_2 \$_2 + \cdots + \xi_i \$_i + \cdots + \xi_n \$_n \tag{6-1}$$

其中 $\$_i$ 表示第 i 个副的单位螺旋。ξ_i 是第 i 个副的关节速度,如果第 i 个副是转动副,ξ_i 是角速度 ω_i;如果第 i 个副是移动副,ξ_i 是线速度 v_i。

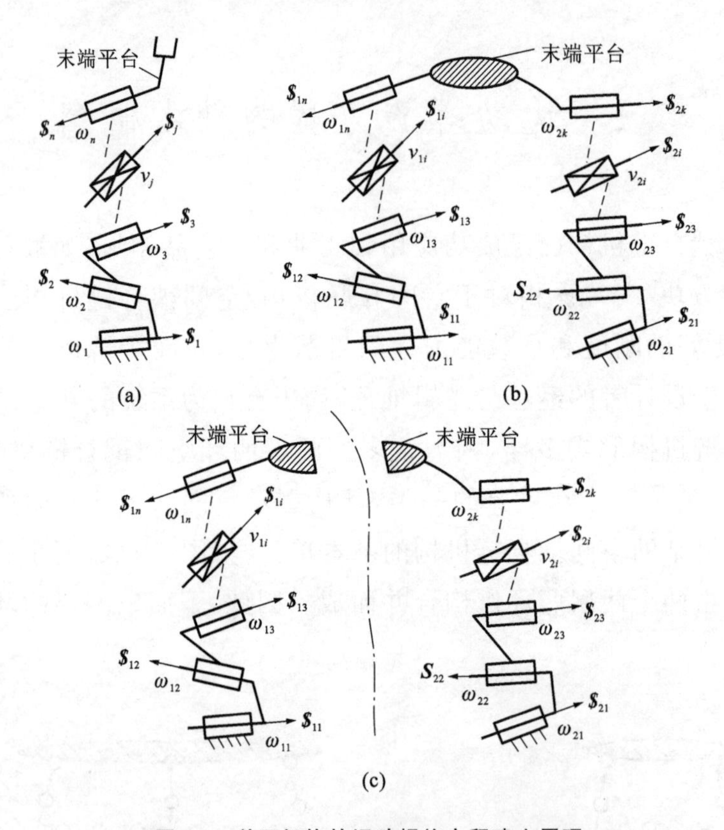

图 6-2 单环机构的运动螺旋方程建立原理

(a)一个串联分支;(b)一个单环机构;(c)两个串联分支

对于一个单环机构,可以建立起一个运动螺旋方程。例如,对于图 6-2(b)所示的单环机构,利用如图 6-2(c)所示的两个串联支链的末端平台的运动螺旋系相等就可建立起它的运动螺旋方程:

$$\omega_{11} \$_{11} + \cdots + v_{1i} \$_{1i} + \cdots + \omega_{1n} \$_{1n} = \omega_{21} \$_{21} + \cdots + v_{2i} \$_{2i} + \cdots + \omega_{2k} \$_{2k} \tag{6-2}$$

式(6-2)能被表达成线性方程组的形式:

$$(\boldsymbol{\$}_{11} \quad \cdots \quad \boldsymbol{\$}_{1n} \quad -\boldsymbol{\$}_{21} \quad \cdots \quad -\boldsymbol{\$}_{2k})\begin{pmatrix}\omega_{11}\\ \vdots \\ \omega_{1n} \\ \omega_{21} \\ \vdots \\ \omega_{2k}\end{pmatrix}=0 \tag{6-3}$$

其中,系数矩阵由所有副的单位运动螺旋的列向量构成,从而可以得到单环机构的自由度等于它的运动螺旋方程解空间的维数。

6.2 两层两环空间机构的运动螺旋方程

6.2.1 运动螺旋方程的建立原理

两层两环空间机构由一个末端平台(EP)通过五个串联支链(C1、C2、C3、C4和C5)和两个中间平台(MP1和MP2)连接到机架FB构成,如图6-3(a)所示。

参考单环机构运动螺旋方程的建立原理,对于一个两层两环空间,可以得到如图6-3(b)所示的子结构①的EP的运动螺旋系应该等于子结构②的EP的运动螺旋系,容易发现子结构①和②都是串并联机构,那么有

$$\boldsymbol{\$}_{\mathrm{MP1}}^{\mathrm{loop1}} \vee \boldsymbol{\$}_{\mathrm{C1}} = \boldsymbol{\$}_{\mathrm{MP2}}^{\mathrm{loop1}} \vee \boldsymbol{\$}_{\mathrm{C2}} \tag{6-4}$$

其中$\vee$表示并运算,$\boldsymbol{\$}_{\mathrm{MP1}}^{\mathrm{loop1}}$表示MP1在环1中的运动螺旋系,$\boldsymbol{\$}_{\mathrm{MP2}}^{\mathrm{loop1}}$表示MP2在环1中的运动螺旋系,$\boldsymbol{\$}_{\mathrm{C1}}$表示支链C1的运动螺旋系,$\boldsymbol{\$}_{\mathrm{C2}}$表示支链C2的运动螺旋系。

因为子结构①和②都包含环1,为了方便,将两层两环空间机构分解为图6-3(c)所示的两个子结构,其中子结构Ⅰ由EP、C1和C2构成,子结构Ⅱ就是环1,它是由MP1、MP2、C3、C4、C5和FB构成的单环机构。结果式(6-4)变成

$$\boldsymbol{\$}_{\mathrm{MP1}}^{\mathrm{II}} \vee \boldsymbol{\$}_{\mathrm{C1}} = \boldsymbol{\$}_{\mathrm{MP2}}^{\mathrm{II}} \vee \boldsymbol{\$}_{\mathrm{C2}} \tag{6-5}$$

其中$\boldsymbol{\$}_{\mathrm{MP1}}^{\mathrm{II}}$表示MP1在子结构Ⅱ中的运动螺旋系,$\boldsymbol{\$}_{\mathrm{MP2}}^{\mathrm{II}}$表示MP2在子结构Ⅱ的运动螺旋系。

在式(6-5)中,$\boldsymbol{\$}_{\mathrm{C1}}$和$\boldsymbol{\$}_{\mathrm{C2}}$根据串联链C1和C2的运动副直接确定,可以表示为

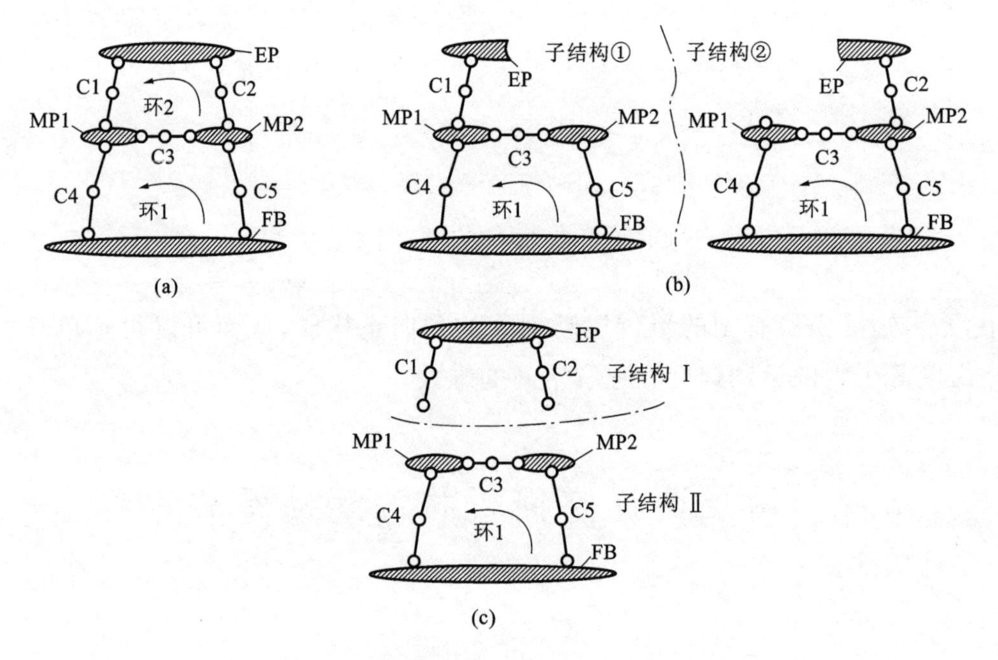

图 6-3 两层两环空间机构的结构分解

(a)两层两环空间机构的标记；(b)子结构①和②；(c)子结构Ⅰ和Ⅱ

$$\begin{cases} \$_{C1} = \omega_{c1}^{1}\,\$_{c1}^{1} + \cdots + \omega_{c1}^{n}\,\$_{c1}^{n} \\ \$_{C2} = \omega_{c2}^{1}\,\$_{c2}^{1} + \cdots + \omega_{c2}^{k}\,\$_{c2}^{k} \end{cases} \tag{6-6}$$

下面详细分析 $\$_{MP1}^{\mathrm{II}}$ 和 $\$_{MP2}^{\mathrm{II}}$ 的求取过程。

6.2.2 中间平台的运动螺旋系及它们的相关性

为不失一般性，假定子结构Ⅱ中 MP1 输出 u 个转动自由度和 r 个移动自由度，MP2 输出 m 个转动自由度和 g 个移动自由度，那么，$\$_{MP1}^{\mathrm{II}}$ 和 $\$_{MP2}^{\mathrm{II}}$ 可以根据这些自由度性质获得：

$$\begin{cases} \$_{MP1}^{\mathrm{II}} = \omega_{mp1}^{1}\,\$_{mp1}^{1} + \cdots + \omega_{mp1}^{u}\,\$_{mp1}^{u} + v_{mp1}^{u+1}\,\$_{mp1}^{u+1} + \cdots + v_{mp1}^{u+r}\,\$_{mp1}^{u+r} \\ \$_{MP2}^{\mathrm{II}} = \omega_{mp2}^{1}\,\$_{mp2}^{1} + \cdots + \omega_{mp2}^{m}\,\$_{mp2}^{m} + v_{mp1}^{m+1}\,\$_{mp1}^{m+1} + \cdots + v_{mp1}^{m+g}\,\$_{mp1}^{m+g} \end{cases} \tag{6-7}$$

需要注意的是，在子结构Ⅱ中，当 MP1 和 MP2 分别看作输出杆时，它们的自由度之和可能大于或等于子结构Ⅱ的自由度。然而，子结构Ⅱ的独立参数等于它的自由度。因此，MP1 和 MP2 的自由度之和大于子结构Ⅱ的自由度时，MP1 和 MP2 的自由度中的一些是独立的，另一些是非独立的。

例如，图 6-4 所示的子结构Ⅱ，它的自由度是 2。MP1 有一个转动自由度和一个移动自由度，MP2 也有一个转动自由度和一个移动自由度。在这两个中间平台的四个自由度中，只有两个是独立的，其余两个是非独立的。

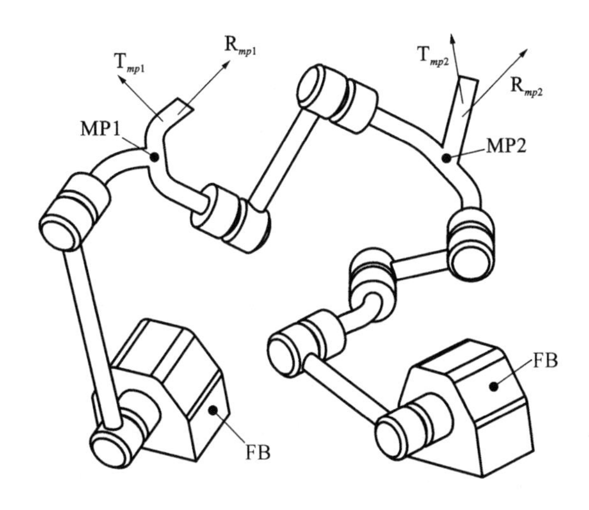

图 6-4 MP1 和 MP2 的自由度

当有非独立自由度时，式(6-7)中不是所有的关节速度都是独立的。为不失一般性，取 $\omega_{mp1}^{1},\cdots,\omega_{mp1}^{i}$ 和 $\omega_{mp2}^{1},\cdots,\omega_{mp2}^{j}$ 为独立的关节速度，那么每个非独立的关节速度都能表示为关于独立关节速度的函数，如 $\omega_{mp1}^{i+1}=f_{mp1}^{i+1}(\omega_{mp1}^{1},\cdots,\omega_{mp1}^{i};\omega_{mp2}^{1},\cdots,\omega_{mp2}^{j})$，$\omega_{mp2}^{j+1}=f_{mp2}^{j+1}(\omega_{mp1}^{1},\cdots,\omega_{mp1}^{i};\omega_{mp2}^{1},\cdots,\omega_{mp2}^{j})$。

将式(6-7)中的非独立关节速度用独立关节速度表示后，关节变量之间的耦合关系得以表达，该式变成了如下形式：

$$\begin{cases}\$_{\mathrm{MP1}}^{\mathrm{II}}=\omega_{mp1}^{1}\$_{mp1}^{1}+\cdots+\omega_{mp1}^{i}\$_{mp1}^{i}+f_{mp1}^{i+1}(\omega_{mp1}^{1},\cdots,\omega_{mp1}^{i};\omega_{mp2}^{1},\cdots,\omega_{mp2}^{j})\$_{mp1}^{i+1}+\cdots\\ \qquad +f_{mp1}^{u+r}(\omega_{mp1}^{1},\cdots,\omega_{mp1}^{i};\omega_{mp2}^{1},\cdots,\omega_{mp2}^{j})\$_{mp1}^{u+r}\\ \$_{\mathrm{MP2}}^{\mathrm{II}}=\omega_{mp2}^{1}\$_{mp2}^{1}+\cdots+\omega_{mp2}^{j}\$_{mp2}^{j}+f_{mp2}^{j+1}(\omega_{mp1}^{1},\cdots,\omega_{mp1}^{i};\omega_{mp2}^{1},\cdots,\omega_{mp2}^{j})\$_{mp2}^{j+1}+\cdots\\ \qquad +f_{mp2}^{m+g}(\omega_{mp1}^{1},\cdots,\omega_{mp1}^{i};\omega_{mp2}^{1},\cdots,\omega_{mp2}^{j})\$_{mp2}^{m+g}\end{cases}\tag{6-8}$$

6.2.3 运动螺旋方程

将式(6-6)和式(6-8)带入式(6-5)中，两层两环空间机构的运动螺旋方程可以表示为

$$(\omega_{mp1}^{1}\$_{mp1}^{1}+\cdots+f_{mp1}^{u+r}\$_{mp1}^{u+r})+(\omega_{c1}^{1}\$_{c1}^{1}+\cdots+\omega_{c1}^{n}\$_{c1}^{n})=$$
$$(\omega_{mp2}^{1}\$_{mp2}^{1}+\cdots+f_{mp2}^{m+g}\$_{mp2}^{m+g})+(\omega_{c2}^{1}\$_{c2}^{1}+\cdots+\omega_{c2}^{k}\$_{c2}^{k}) \tag{6-9}$$

式(6-9)表示成线性方程组的形式为

$$(\$_{mp1}^{1}\quad\cdots\quad\$_{mp1}^{u+r}\quad\cdots\quad-\$_{mp2}^{m+g}\quad\cdots\quad-\$_{c2}^{k})\begin{pmatrix}\omega_{mp1}^{1}\\ \vdots\\ f_{mp1}^{u+r}\\ \vdots\\ f_{mp2}^{m+g}\\ \vdots\\ \omega_{c2}^{k}\end{pmatrix}=0 \tag{6-10}$$

对比式(6-3)和式(6-10)可以看出,两个运动螺旋方程有明显的不同:并联机构的运动螺旋方程中的未知量都被看作是相互独立的,而两层两环空间机构的运动螺旋方程的未知量包含非独立的。这个区别正是耦合支链引起的,式(6-10)是表达耦合支链带来的耦合关系的数学模型。

6.3 刚性子结构判别

一个闭环机构可能包含刚性子结构,一般地,应该将这种刚性的子结构去掉。对于两层两环机构,不仅仅两个基本环路可能是刚性,某些支链也可能被限制成刚性。两个基本环路的刚性判别用单环机构的运动螺旋方程就能实现,但支链和运动副刚性判别较为复杂。这里提出一个新的方法,步骤如下:

步骤 1:基于单环机构的运动螺旋方程判断两个基本环是否为刚性子结构。如果两个都不是刚性,则继续下一步;如果有一个是刚性的,这个机构实际上变成了一个并联机构,它的刚性子结构可以用现存的约束螺旋法或位移子群的方法判别;如果两个环都是刚性的,则整个机构也就是刚性的。

步骤 2:分析末端平台在环路 2 为刚性时的自由度和运动螺旋系。如图 6-5(a)所示,假定环路 2 为刚性的,那么两层两环机构变成一个并联机构,称为初始并联机构,末端平台 EP 可以看作这个并联机构的动平台,支链 C4 和 C5 可以看作这个并联机构的两个分支。EP 在初始并联机构中的自由度称为初始自由度。

EP 在初始并联机构中的运动螺旋系称为初始运动螺旋系，该螺旋系满足：

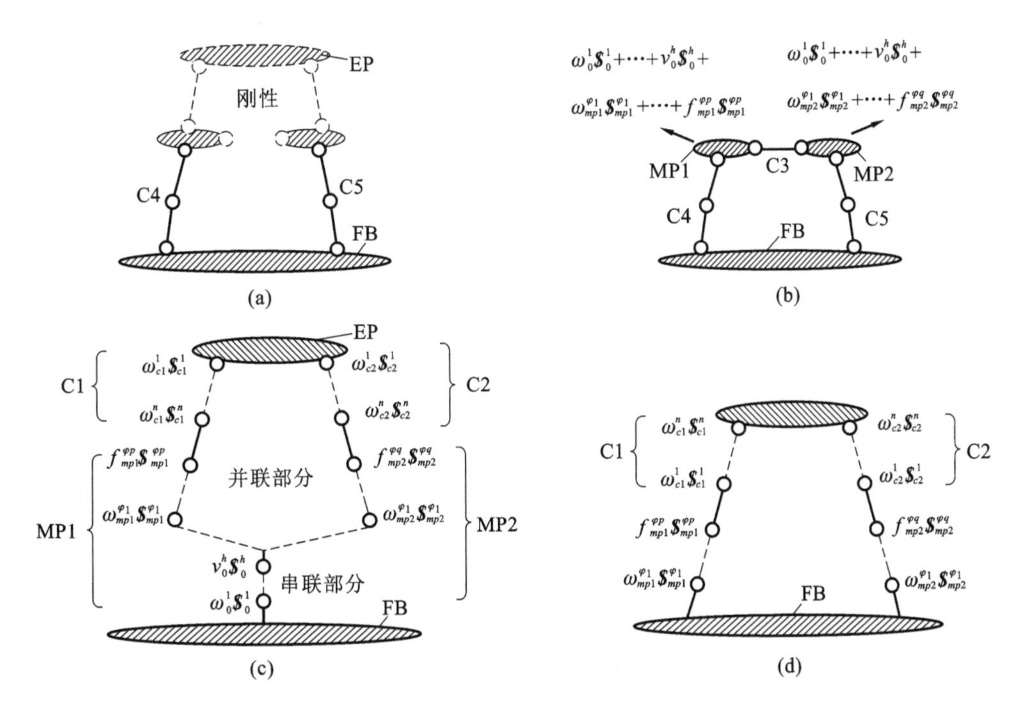

图 6-5 两层两环空间机构的刚性子结构判别

(a)初始并联机构；(b)中间平台的运动螺旋系；(c)等效的串并联机构；(d)等效的子并联机构

$$\boldsymbol{\$}_{\mathrm{EP}}^{0}=\boldsymbol{\$}_{\mathrm{C4}}\wedge\boldsymbol{\$}_{\mathrm{C5}} \tag{6-11}$$

其中 $\wedge$ 表示交运算，$\boldsymbol{\$}_{\mathrm{EP}}^{0}$表示初始运动螺旋系，$\boldsymbol{\$}_{\mathrm{C4}}$ 表示支链 C4 的运动螺旋系，$\boldsymbol{\$}_{\mathrm{C5}}$ 表示支链 C5 的运动螺旋系。一般地，根据初始自由度的性质，$\boldsymbol{\$}_{\mathrm{EP}}^{0}$ 可以表示为

$$\boldsymbol{\$}_{\mathrm{EP}}^{0}=\omega_{0}^{1}\boldsymbol{\$}_{0}^{1}+\cdots+v_{0}^{t}\boldsymbol{\$}_{0}^{t} \tag{6-12}$$

步骤 3：求解子结构Ⅱ中 MP1 和 MP2 的运动螺旋系并建立这两个运动螺旋系与初始运动螺旋系之间的关系。从子结构 Ⅱ，$\boldsymbol{\$}_{\mathrm{MP1}}^{\mathrm{II}}$ 和 $\boldsymbol{\$}_{\mathrm{MP2}}^{\mathrm{II}}$ 满足：

$$\begin{cases}\boldsymbol{\$}_{\mathrm{MP1}}^{\mathrm{II}}=\boldsymbol{\$}_{\mathrm{C4}}\wedge(\boldsymbol{\$}_{\mathrm{C3}}\vee\boldsymbol{\$}_{\mathrm{C5}})\\ \boldsymbol{\$}_{\mathrm{MP2}}^{\mathrm{II}}=\boldsymbol{\$}_{\mathrm{C5}}\wedge(\boldsymbol{\$}_{\mathrm{C3}}\vee\boldsymbol{\$}_{\mathrm{C4}})\end{cases} \tag{6-13}$$

从式(6-11)和式(6-13)看出，$\boldsymbol{\$}_{\mathrm{EP}}^{0}$既是 $\boldsymbol{\$}_{\mathrm{MP1}}^{\mathrm{II}}$ 的子集也是 $\boldsymbol{\$}_{\mathrm{MP2}}^{\mathrm{II}}$ 的子集，即

$$\begin{cases}\boldsymbol{\$}_{\mathrm{EP}}^{0}\subseteq\boldsymbol{\$}_{\mathrm{MP1}}^{\mathrm{II}}\\ \boldsymbol{\$}_{\mathrm{EP}}^{0}\subseteq\boldsymbol{\$}_{\mathrm{MP2}}^{\mathrm{II}}\end{cases} \tag{6-14}$$

其中$\subseteq$表示包含关系。假定 $\boldsymbol{\$}_{\mathrm{MP1}}^{\varphi}$和 $\boldsymbol{\$}_{\mathrm{MP2}}^{\varphi}$是 $\boldsymbol{\$}_{\mathrm{EP}}^{0}$分别在 $\boldsymbol{\$}_{\mathrm{MP1}}^{\mathrm{II}}$ 和 $\boldsymbol{\$}_{\mathrm{MP2}}^{\mathrm{II}}$ 下的补集，即

$$\begin{cases} \boldsymbol{\$}_{\mathrm{MP1}}^{\mathrm{II}} = \boldsymbol{\$}_{\mathrm{EP}}^{0} \cup \boldsymbol{\$}_{\mathrm{MP1}}^{\varphi} \\ \boldsymbol{\$}_{\mathrm{MP2}}^{\mathrm{II}} = \boldsymbol{\$}_{\mathrm{EP}}^{0} \cup \boldsymbol{\$}_{\mathrm{MP2}}^{\varphi} \end{cases} \tag{6-15}$$

一般地，$\boldsymbol{\$}_{\mathrm{MP1}}^{\varphi}$ 和 $\boldsymbol{\$}_{\mathrm{MP2}}^{\varphi}$ 可以表示为

$$\begin{cases} \boldsymbol{\$}_{\mathrm{MP1}}^{\varphi} = \omega_{mp1}^{\varphi1} \boldsymbol{\$}_{mp1}^{\varphi1} + \cdots + v_{mp1}^{\varphi p} \boldsymbol{\$}_{mp1}^{\varphi p} \\ \boldsymbol{\$}_{\mathrm{MP2}}^{\varphi} = \omega_{mp2}^{\varphi1} \boldsymbol{\$}_{mp2}^{\varphi1} + \cdots + v_{mp2}^{\varphi q} \boldsymbol{\$}_{mp2}^{\varphi q} \end{cases} \tag{6-16}$$

步骤 4:选取独立的关节速度。一般地,初始运动螺旋中的关节速度 $\omega_0^1,\cdots,v_0^t$ 被优先选作独立参数,余下的独立参数记为 $\omega_{mp1}^{\varphi1},\cdots,\omega_{mp1}^{\varphi i}$ 和 $\omega_{mp2}^{\varphi1},\cdots,\omega_{mp2}^{\varphi j}$。那么,每个非独立的关节速度可以表示成这些独立参数的函数。如图 6-5(b)所示,子结构Ⅱ中 MP1 和 MP2 的运动螺旋系可以表示为

$$\begin{cases} \boldsymbol{\$}_{\mathrm{MP1}}^{\mathrm{II}} = (\omega_0^1 \boldsymbol{\$}_0^1 + \cdots + v_0^t \boldsymbol{\$}_0^t) + (\omega_{mp1}^{\varphi1} \boldsymbol{\$}_{mp1}^{\varphi1} + \cdots + \omega_{mp1}^{\varphi i} \boldsymbol{\$}_{mp1}^{\varphi i} + f_{mp1}^{\varphi(i+1)} \boldsymbol{\$}_{mp1}^{\varphi(i+1)} + \cdots + f_{mp1}^{\varphi p} \boldsymbol{\$}_{mp1}^{\varphi p}) \\ \boldsymbol{\$}_{\mathrm{MP2}}^{\mathrm{II}} = (\omega_0^1 \boldsymbol{\$}_0^1 + \cdots + v_0^t \boldsymbol{\$}_0^t) + (\omega_{mp2}^{\varphi1} \boldsymbol{\$}_{mp2}^{\varphi1} + \cdots + \omega_{mp2}^{\varphi j} \boldsymbol{\$}_{mp2}^{\varphi j} + f_{mp2}^{\varphi(j+1)} \boldsymbol{\$}_{mp2}^{\varphi(j+1)} + \cdots + f_{mp2}^{\varphi q} \boldsymbol{\$}_{mp2}^{\varphi q}) \end{cases} \tag{6-17}$$

步骤 5:获取两层两环空间机构的运动等效机构。将式(6-17)中的单位运动螺旋用等效的运动副来替换,这些运动副与子结构Ⅰ构成了如图 6-5(c)所示的等效串并联机构,其中串联部分就由初始运动螺旋系的单位运动螺旋的等效运动副构成。

步骤 6:建立简化形式的运动螺旋方程。将式(6-17)和式(6-6)带入式(6-5),得到

$$\begin{aligned} &(\omega_0^1 \boldsymbol{\$}_0^1 + \cdots + v_0^t \boldsymbol{\$}_0^t) + (\omega_{mp1}^{\varphi1} \boldsymbol{\$}_{mp1}^{\varphi1} + \cdots + f_{mp1}^{\varphi p} \boldsymbol{\$}_{mp1}^{\varphi p}) + (\omega_{c1}^1 \boldsymbol{\$}_{c1}^1 + \cdots + \omega_{c1}^n \boldsymbol{\$}_{c1}^n) = \\ &\quad (\omega_0^1 \boldsymbol{\$}_0^1 + \cdots + v_0^t \boldsymbol{\$}_0^t) + (\omega_{mp2}^{\varphi1} \boldsymbol{\$}_{mp2}^{\varphi1} + \cdots + f_{mp2}^{\varphi q} \boldsymbol{\$}_{mp2}^{\varphi q}) + (\omega_{c2}^1 \boldsymbol{\$}_{c2}^1 + \cdots + \omega_{c2}^k \boldsymbol{\$}_{c2}^k) \end{aligned} \tag{6-18}$$

消去式(6-18)两边相同的项,得到简化形式的运动螺旋方程:

$$\begin{aligned} &(\omega_{mp1}^{\varphi1} \boldsymbol{\$}_{mp1}^{\varphi1} + \cdots + f_{mp1}^{\varphi p} \boldsymbol{\$}_{mp1}^{\varphi p}) + (\omega_{c1}^1 \boldsymbol{\$}_{c1}^1 + \cdots + \omega_{c1}^n \boldsymbol{\$}_{c1}^n) = \\ &(\omega_{mp2}^{\varphi1} \boldsymbol{\$}_{mp2}^{\varphi1} + \cdots + f_{mp2}^{\varphi q} \boldsymbol{\$}_{mp2}^{\varphi q}) + (\omega_{c2}^1 \boldsymbol{\$}_{c2}^1 + \cdots + \omega_{c2}^k \boldsymbol{\$}_{c2}^k) \end{aligned} \tag{6-19}$$

将等效串并联机构的并联部分分离出来作为一个机构,称为等效子并联机构,如图 6-5(d)所示。式(6-19)也就是等效子并联机构的运动螺旋方程。

步骤 7:对简化形式的运动螺旋方程的系数矩阵进行初等行变换,找出只有零解的那些关节速度。

如果 $\omega_{c1}^1,\cdots,\omega_{c1}^n$ 只有零解,那么 C1 都为刚性的。如果 $\omega_{c2}^1,\cdots,\omega_{c2}^k$ 只有零解,那

么C2都为刚性的。如果 $\omega_{mp1}^{i},\cdots,f_{mp1}^{p}$ 和 $\omega_{mp2}^{j},\cdots,f_{mp2}^{q}$ 只有零解，那么C3都为刚性的。在此基础上，如果初始并联机构没有自由度，那么，C4和C5也是刚性的。

6.4　自由度分析

6.4.1　自由度解算

由于一个两层两环机构等效于一个串并联机构，它的自由度可以用下式计算：

$$\begin{cases} M = M_0 + M_{\text{para}} + M_{\text{idle}} \\ M_{\text{e}} = M_0 + M_{\text{para}} \end{cases} \tag{6-20}$$

式中　M_{para}——等效子并联机构的自由度；

M_{idle}——局部自由度（一般地，$M_{\text{idle}}=0$）；

M——机构自由度；

M_{e}——末端平台自由度；

M_0——初始自由度。

详细的计算分析步骤如下：

步骤1：判别两个基本环路是否为刚性的，如果其中的某个为刚性的，则用现存的分析并联机构自由度的方法分析，如果没有刚性环路，则继续下面的步骤；

步骤2：分析末端平台的初始自由度和初始运动螺旋系；

步骤3：分解两层两环机构的运动结构为两个子结构；

步骤4：分析中间平台在子结构Ⅱ中的运动螺旋系；

步骤5：选取中间平台运动螺旋系中独立的关节速度；

步骤6：建立简化形式的运动螺旋方程；

步骤7：进行初等行变换，分析自由度并判别刚性子结构。

例6-1　如图6-6(a)所示的两层两环空间机构，每个支链中的转动副平行，不同支链中的转动副不平行，移动副之间不平行。

容易判断，两个基本环都不是刚性子结构。初始并联机构如图6-6(b)所示，根据分析并联机构的约束螺旋法可以得到初始自由度是一个沿着 R_{c4}^{1} 和 R_{c5}^{1} 的法平面的交线的移动自由度。初始运动螺旋表示为

$$\$_{\mathrm{EP}}^{0}=v_{0}^{1}\,\$_{0}^{1} \tag{6-21}$$

这个机构被分解为如图 6-6(c)所示的两个子结构，在图 6-6(d)所示的子结构Ⅱ中 MP1 有两个平行于 R_{c4}^{1} 法平面的移动自由度 T_{mp1}^{1} 和 T_{mp1}^{2}，同样地，子结构Ⅱ中 MP2 有两个平行于 R_{c5}^{1} 法平面的移动自由度 T_{mp2}^{1} 和 T_{mp2}^{2}。

因此，两个中间平台在子结构Ⅱ中的运动螺旋系可以表示为

$$\begin{cases}\$_{\mathrm{MP1}}^{\mathrm{II}}=v_{0}^{1}\,\$_{0}^{1}+v_{mp1}^{\varphi1}\,\$_{mp1}^{\varphi1}\\ \$_{\mathrm{MP2}}^{\mathrm{II}}=v_{0}^{1}\,\$_{0}^{1}+v_{mp2}^{\varphi1}\,\$_{mp2}^{\varphi1}\end{cases} \tag{6-22}$$

子结构Ⅱ的自由度是 2。关节速度 v_{0}^{1} 和 $v_{mp1}^{\varphi1}$ 被选作独立参数，非独立参数 $v_{mp2}^{\varphi1}$ 被表示为

$$v_{mp2}^{\varphi1}=f_{mp2}^{\varphi1}(v_{0}^{1},v_{mp1}^{\varphi1}) \tag{6-23}$$

等效串并联机构如图 6-6(e)所示，其中 P_{0}^{1}、$\mathrm{P}_{mp1}^{\varphi1}$ 和 $\mathrm{P}_{mp2}^{\varphi1}$ 分别是单位运动螺旋 $\$_{0}^{1}$、$\$_{mp1}^{\varphi1}$ 和 $\$_{mp2}^{\varphi1}$ 的等效运动副。等效的子并联机构如图 6-6(f)所示，它的运动螺旋方程是

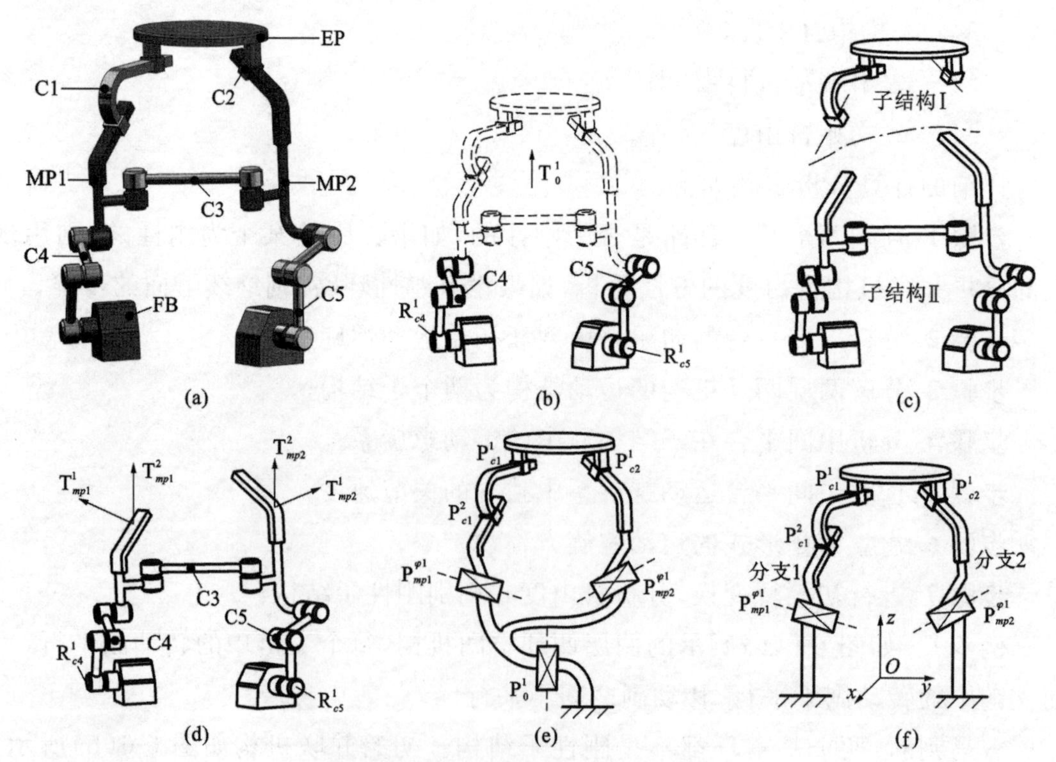

图 6-6 一个两层两环机构的自由度分析

(a)一个两层两环机构；(b)初始并联机构；(c)结构分解；

(d)子结构Ⅱ；(e)等效串并联机构；(f)等效子并联机构

$$v_{c1}^{1}\,\boldsymbol{\$}_{c1}^{1}+v_{c1}^{2}\,\boldsymbol{\$}_{c1}^{2}-v_{c2}^{1}\,\boldsymbol{\$}_{c2}^{1}+v_{mp1}^{\varphi1}\,\boldsymbol{\$}_{mp1}^{\varphi1}-v_{mp2}^{\varphi1}\,\boldsymbol{\$}_{mp2}^{\varphi1}=0 \tag{6-24}$$

其中，由于 v_0^1 对该方程没有影响，可以看作常数零，$v_{mp2}^{\varphi1}$ 被表示为 $v_{mp2}^{\varphi1}=f_{mp2}^{\varphi1}(v_{mp1}^{\varphi1})$。

建立如图 6-6(f)所示的参考坐标系，z 轴垂直于机架平面向上，x 轴和 y 轴在机架平面上，方程(6-24)变成线性方程组形式：

$$\begin{pmatrix} 0 & 0 & 0 & 0 & 0 \\ 0 & 0 & 0 & 0 & 0 \\ 0 & 0 & 0 & 0 & 0 \\ a_{c1}^1 & a_{c1}^2 & -a_{c2}^1 & a_{mp1}^{\varphi1} & -a_{mp2}^{\varphi1} \\ b_{c1}^1 & b_{c1}^2 & -b_{c2}^1 & b_{mp1}^{\varphi1} & -b_{mp2}^{\varphi1} \\ c_{c1}^1 & c_{c1}^2 & -c_{c2}^1 & c_{mp1}^{\varphi1} & -c_{mp2}^{\varphi1} \end{pmatrix} \begin{pmatrix} v_{c1}^1 \\ v_{c1}^2 \\ v_{c2}^1 \\ v_{mp1}^{\varphi1} \\ v_{mp2}^{\varphi1} \end{pmatrix} = 0 \tag{6-25}$$

其中，每列的三个非零参数表示相应运动副方向的三个分量。对式(6-25)的系数矩阵进行初等行变换得到

$$\begin{pmatrix} 0 & 0 & 0 & 0 & 0 \\ 0 & 0 & 0 & 0 & 0 \\ 0 & 0 & 0 & 0 & 0 \\ 1 & 0 & 0 & \boldsymbol{A}_1 & \boldsymbol{A}_2 \\ 0 & 1 & 0 & \boldsymbol{B}_1 & \boldsymbol{B}_2 \\ 0 & 0 & 1 & \boldsymbol{C}_1 & \boldsymbol{C}_2 \end{pmatrix} \begin{pmatrix} v_{c1}^1 \\ v_{c1}^2 \\ v_{c2}^1 \\ v_{mp1}^{\varphi1} \\ v_{mp2}^{\varphi1} \end{pmatrix} = 0 \tag{6-26}$$

将式(6-26)中的系数矩阵的第六行与未知向量相乘，得到

$$v_{c2}^1+\boldsymbol{C}_1 v_{mp1}^{\varphi1}+\boldsymbol{C}_2 v_{mp2}^{\varphi1}=0 \tag{6-27}$$

由于 $v_{mp2}^{\varphi1}=f_{mp2}^{\varphi1}(v_{mp1}^{\varphi1})$，因此，根据式(6-27)，$v_{c2}^1$ 表示成

$$v_{c2}^1=\boldsymbol{F}_{c2}^1(v_{mp1}^{\varphi1}) \tag{6-28}$$

将式(6-26)中的系数矩阵的第五行与未知向量相乘，得到

$$v_{c1}^2+\boldsymbol{B}_1 v_{mp1}^{\varphi1}+\boldsymbol{B}_2 v_{mp2}^{\varphi1}=0 \tag{6-29}$$

因此，v_{c1}^2 可以表示成

$$v_{c1}^2=\boldsymbol{F}_{c1}^2(v_{mp1}^{\varphi1}) \tag{6-30}$$

类似地，$v_{c1}^1=\boldsymbol{F}_{c1}^1(v_{mp1}^{\varphi1})$。

最终，方程的解可以表示成

$$\begin{cases} v_{mp1}^{\varphi1}=v_{mp1}^{\varphi1};\ v_{mp2}^{\varphi1}=f_{mp2}^{\varphi1}(v_{mp1}^{\varphi1});\ v_{c2}^1=\boldsymbol{F}_{c2}^1(v_{mp1}^{\varphi1}); \\ v_{c1}^2=F_{c1}^2(v_{mp1}^{\varphi1});v_{c1}^1=\boldsymbol{F}_{c1}^1(v_{mp1}^{\varphi1}) \end{cases} \tag{6-31}$$

解空间的维数是 1，因此等效子并联机构的自由度是 1，没有局部自由度。最终这个机构的自由度为

$$M = M_0 + M_{\text{para}} + M_{\text{idle}} = 1 + 1 + 0 = 2 \tag{6-32}$$

末端平台的自由度 $M_e = 2$。由于发生有限运动后，式(6-26)中系数矩阵的列向量形式不变，分析所得的自由度是全周的。由于关节速度都有非零解，因此没有刚性子结构。

例 6-2 图 6-7(a)所示的两层两环机构，支链 C1 包含一个万向铰，C2 包含一个球副，C3 包含两个平行的转动副。C4 和 C5 都包含三个平行的转动副。不同支链间的转动副不平行。

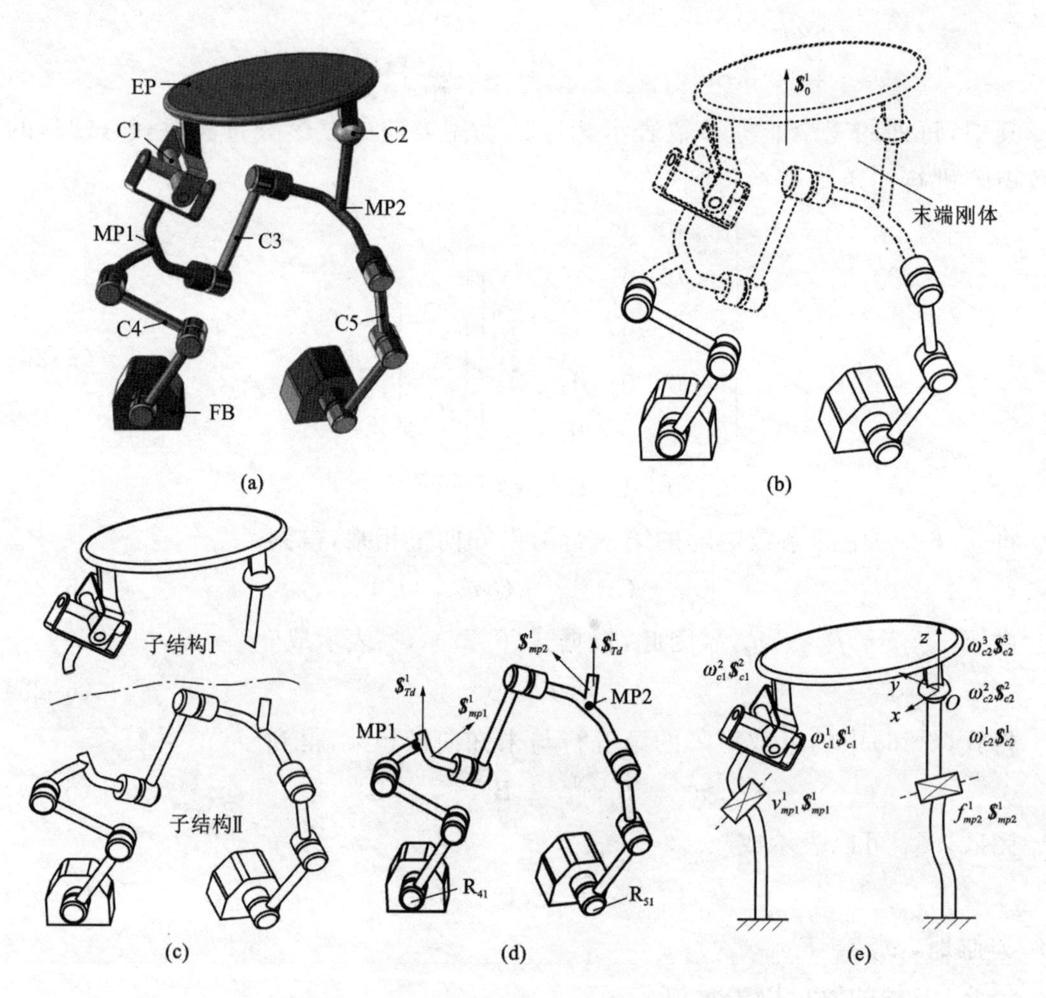

图 6-7 另一个两层两环空间机构的自由度分析

(a)一个两层两环机构；(b)初始并联机构；(c)结构分解；

(d)子结构Ⅱ；(e)等效子并联机构

两个基本环路都不是刚性的。初始并联机构如图 6-7(b)所示，末端平台中有一个移动自由度，沿着 R_{41} 和 R_{51} 的法平面交线。因此，$M_0=1$。末端平台在初始并联机构中的运动螺旋系为 $v_{Td}^1 \boldsymbol{\$}_{Td}^1$。

这个机构能被分解为如图 6-7(c)所示的两个子结构。在如图 6-7(d)所示子结构Ⅱ中，MP1 有两个在 R_{41} 法平面上的移动自由度，MP1 的运动螺旋系可以表示为 $v_{Td}^1 \boldsymbol{\$}_{Td}^1 + v_{mp1}^1 \boldsymbol{\$}_{mp1}^1$，$\boldsymbol{\$}_{mp1}^1$ 是一个在 R_{41} 法平面上与 $\boldsymbol{\$}_{Td}^1$ 不平行的单位运动螺旋。同样地，MP2 有两个在 R_{51} 法平面上的移动自由度，MP2 的运动螺旋系可以表示为 $v_{Td}^1 \boldsymbol{\$}_{Td}^1 + v_{mp2}^1 \boldsymbol{\$}_{mp2}^1$，$\boldsymbol{\$}_{mp2}^1$ 是一个在 R_{51} 法平面上与 $\boldsymbol{\$}_{Td}^1$ 不平行的单位运动螺旋。

子结构Ⅱ的自由度是 2。v_{Td}^1 和 v_{mp1}^1 被看作独立变量。非独立的变量 v_{mp2}^1 可以表达为关于 v_{mp1}^1 的函数，记为

$$v_{mp2}^1 = f_{mp2}^1(v_{mp1}^1) \tag{6-33}$$

其中 f_{mp2}^1 满足 $f_{mp2}^1(0)=0$。两层两环机构简化形式的运动螺旋方程为

$$\omega_{c1}^1 \boldsymbol{\$}_{c1}^1 + \omega_{c1}^2 \boldsymbol{\$}_{c1}^2 - \omega_{c2}^1 \boldsymbol{\$}_{c2}^1 - \omega_{c2}^2 \boldsymbol{\$}_{c2}^2 - \omega_{c2}^3 \boldsymbol{\$}_{c2}^3 + v_{mp1}^1 \boldsymbol{\$}_{mp1}^1 - v_{mp2}^1 \boldsymbol{\$}_{mp2}^1 = 0 \tag{6-34}$$

方程(6-34)表达成线性方程组的形式是

$$\begin{pmatrix} 1 & 0 & a_{c2}^1 & a_{c2}^2 & a_{c2}^3 & 0 & 0 \\ 0 & b_{c1}^2 & b_{c2}^1 & b_{c2}^2 & b_{c2}^3 & 0 & 0 \\ 0 & c_{c1}^2 & c_{c2}^1 & c_{c2}^2 & c_{c2}^3 & 0 & 0 \\ 0 & r_{c1}^2 & 0 & 0 & 0 & a_{mp1}^1 & a_{mp2}^1 \\ s_{c1}^1 & s_{c1}^2 & 0 & 0 & 0 & b_{mp1}^1 & b_{mp2}^1 \\ t_{c1}^1 & t_{c1}^2 & 0 & 0 & 0 & c_{mp1}^1 & c_{mp2}^1 \end{pmatrix} \begin{pmatrix} \omega_{c1}^1 \\ \omega_{c1}^2 \\ \omega_{c2}^1 \\ \omega_{c2}^2 \\ \omega_{c2}^3 \\ v_{mp1}^1 \\ v_{mp2}^1 \end{pmatrix} = 0 \tag{6-35}$$

建立如图 6-7(e)所示的一个参考坐标系，原点与球副中心点重合，z 轴垂直于机架平面，x 轴平行于支链 C1 邻近末端平台的转动副。

进行初等行变换后，式(6-35)变为如下的形式

$$\begin{pmatrix} 1 & 0 & 0 & 0 & 0 & 0 & \boldsymbol{A} \\ 0 & 1 & 0 & 0 & 0 & 0 & \boldsymbol{B} \\ 0 & 0 & 1 & 0 & 0 & 0 & \boldsymbol{C} \\ 0 & 0 & 0 & 1 & 0 & 0 & \boldsymbol{D} \\ 0 & 0 & 0 & 0 & 1 & 0 & \boldsymbol{E} \\ 0 & 0 & 0 & 0 & 0 & 1 & \boldsymbol{G} \end{pmatrix} \begin{pmatrix} \omega_{c1}^1 \\ \omega_{c1}^2 \\ \omega_{c2}^1 \\ \omega_{c2}^2 \\ \omega_{c2}^3 \\ v_{mp1}^1 \\ v_{mp2}^1 \end{pmatrix} = 0 \tag{6-36}$$

在式(6-36)中,系数矩阵的最后一行与未知向量相乘得

$$v_{mp1}^1 + \boldsymbol{G} v_{mp2}^1 = 0 \tag{6-37}$$

得到

$$v_{mp2}^1 = -\frac{v_{mp1}^1}{\boldsymbol{G}} \tag{6-38}$$

一般地,式(6-33)和式(6-38)要同时成立,有

$$v_{mp1}^1 = 0 \tag{6-39}$$

因此

$$v_{mp2}^1 = -\frac{v_{mp1}^1}{\boldsymbol{G}} = 0 \tag{6-40}$$

在式(6-36)中,系数矩阵的第五行与未知向量相乘得

$$\omega_{c2}^3 + \boldsymbol{E} v_{mp2}^1 = 0 \tag{6-41}$$

那么

$$\omega_{c2}^3 = 0 \tag{6-42}$$

同样地,所有的未知量都只有零解,因此简化后的运动螺旋方程没有非零解。那么这个两层两环空间机构的自由度是

$$M = M_0 + M_{\text{para}} + M_{\text{idle}} = 1 + 0 + 0 = 1 \tag{6-43}$$

末端平台的自由度也是1。在有限连续运动中,方程(6-35)中系数矩阵的形式不会发生改变,因此,分析所得自由度是全周的。方程(6-35)只有零解,那么支链C1、C2和C3全为刚性子结构。由于有初始自由度,所以支链C4和C5是非刚性的。

6.4.2 自由度性质分析

由于一个两层两环机构等效于一个串并联机构,串联部分的自由度性质也就

是初始自由度的性质，很容易确定。关键的问题是确定等效子并联机构中动平台的自由度性质。由于并联机构的运动螺旋系等于任意一个分支中的运动副的运动螺旋线性组合，利用运动螺旋线性组合的特点，动平台的自由度可以通过如下步骤判别：

步骤 1：判别等效子并联机构的一个分支是否只由移动副构成。如果条件成立，则动平台只输出移动，这是因为移动的组合依然是移动。如果条件不成立，则继续下一步。

步骤 2：判别一个分支是否只由相交于一点的转动副构成。如果条件成立，动平台只输出过相交点的转动。如果不是，则到下一步。

步骤 3：判断等效子并联机构的某个分支的所含的运动副数目是否等于末端平台的自由度。如果是，那么这个分支提供的转动和移动就是动平台的自由度性质。如果不是，则到下一步。

步骤 4：先分析移动的数目。只考虑子并联机构分支中的移动，建立移动运动螺旋方程，该方程解空间的维数就是移动的数目。转动的数目就等于总的自由度数目减去移动的数目。

例 6-3 对于图 6-6(f)所示的子并联机构，满足上述步骤 1 中的几何条件，那么，子并联机构的动平台只有移动自由度。由于动平台的自由度是 1，动平台有一个移动自由度，又因为初始自由度是一个移动自由度，那么整个机构的末端平台自由度性质为两移。

6.5 两层两环空间机构自由度分析的数字化实现

6.5.1 机构的构型描述

支链中运动副类型和轴线几何关系的描述与第 2 章建立的并联机构的分支描述相同。各支链的描述顺序如图 6-8 所示，支链 C4 从机架开始描述，支链 C3 从 MP1 开始描述，支链 C5 从 MP2 开始描述，支链 C1 从 MP1 开始描述，支链 C2 从 EP 开始描述。

不同支链中的运动副轴线之间有平行、相交或垂直关系时，这些关系也需要

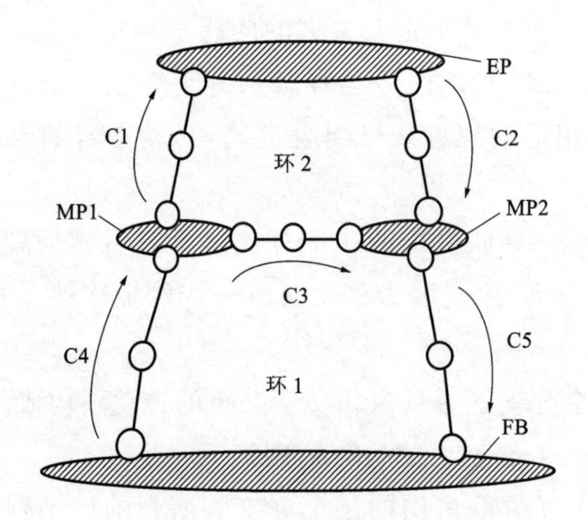

图 6-8 支链的描述顺序

描述。例如,如果支链 C1 的描述为“R<4/>!R”,它的含义是 C1 中的第一个转动副与 C4 中的最后一个副平行。

6.5.2 自由度分析的数字化实现

参照空间并联机构分支运动螺旋系自动解算原理及两层两环机构的自由度分析原理,可以得到两层两环机构的自由度分析数字化实现步骤:

步骤 1:建立参考坐标系。以支链 C4 的第一个副为参考建立坐标系;

步骤 2:根据空间并联机构分支运动螺旋系的自动求解原理,根据描述字符串写出每个支链在参考坐标系下的运动螺旋系;

步骤 3:根据环路的运动螺旋系的秩判断环路 1 和环路 2 的刚性;

步骤 4:求取初始自由度及初始运动螺旋系;

步骤 5:求取环路 1 中 MP1 和 MP2 的运动螺旋系;

步骤 6:求取等效子并联机构的运动螺旋方程;

步骤 7:分析动平台的自由度和机构的自由度;

步骤 8:根据动平台的运动螺旋系的基来判断自由度性质。

基于上述步骤,开发了两层两环机构的自由度数字化分析界面,如图 6-9 所示。

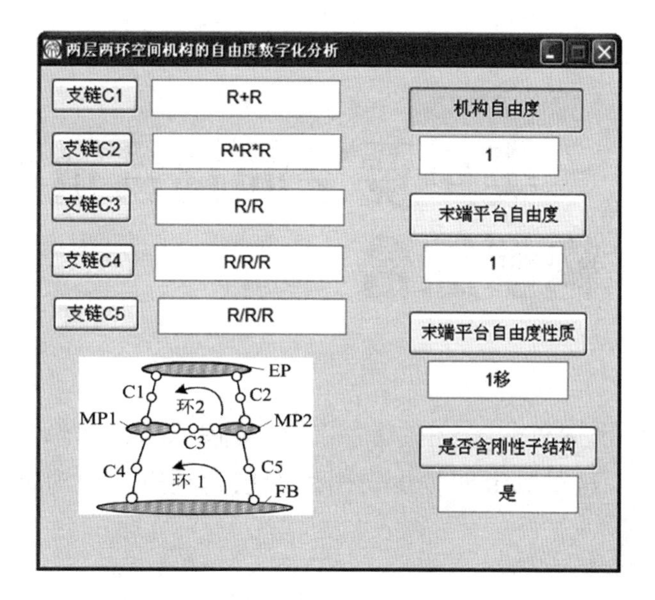

图 6-9 两层两环机构的数字化分析界面

7 一类重要空间耦合链机构的构型综合

两层两环空间机构包含了一个耦合支链，是构成更复杂的多层多环空间耦合链机构的基本单元，这里对十四种少自由度两层两环空间机构进行系统的综合。

7.1 两层两环空间机构构型综合原理

下文中将用到并联机构的位移群论综合理论，常见的位移子群的标记符号如表 7-1 所示。

表 7-1 位移子群

子群	对应的结构	符号含义
$\{R(N,\boldsymbol{u})\}$	转动副	点 N，转动方向 $\boldsymbol{u}$
$\{C(N,\boldsymbol{v})\}$	圆柱副	点 N，转动方向 $\boldsymbol{v}$
$\{G(\boldsymbol{u})\}$	三自由度平面子链	方向 $\boldsymbol{u}$
$\{G_2(\boldsymbol{u})\}$	二自由度平面子链	方向 $\boldsymbol{u}$
$\{P(\boldsymbol{v})\}$	移动副	移动方向 $\boldsymbol{v}$
$\{T\}$	三个移动副	
$\{T_2(\boldsymbol{v})\}$	两个移动副	法向 $\boldsymbol{v}$
$\{S(N)\}$	球副	点 N
$\{S_2(N)\}$	二自由度球面子链	点 N
$\{D\}$	六自由度分支	

基于自由度分析的原理，这里提出一个能系统综合各种自由度性质的两层两环空间机构的方法。

步骤1:给定希望的自由度性质。

步骤2:综合一个能输出期望自由度性质的单环机构,称为第一层并联机构。

步骤3:从第一层并联机构中选择一些运动副,把这些运动副的运动称为第一层分离自由度性质,从第一层并联机构中删除这些运动副和机架,剩下的结构作为子结构Ⅰ。

步骤4:综合一个能输出第一层分离自由度性质的单环机构,称为第二层并联机构。只需分离该机构的一个分支为两个支链,便可得到子结构Ⅱ。

步骤5:连接子结构Ⅰ和Ⅱ便得到一个两层两环机构,基于提出的自由度分析原理证实这个机构是否能输出希望的自由度性质。如果不能输出希望的自由度,那么这个机构不是期望的机构。重复上述的步骤找期望的机构。

上述步骤2和步骤4中涉及单环机构的构型综合,采用位移子群的综合法比采用约束螺旋综合法更加简洁。所以下文中利用位移子群法来完成上述步骤2和步骤4。

7.2 一自由度两层两环空间机构的构型综合

7.2.1 一移机构的构型综合

第一,根据位移子群关系$\{M_{ep}\}=\{T(\boldsymbol{u}_v)\}=\{T(\boldsymbol{u}_v)\}\cap\{T\}$,第一层并联机构能被综合,如图7-1(a)所示,它的一个分支包含一个移动副,另一个分支包含三个独立的移动副。

第二,如图7-1(b)所示,P_{a21}的移动被选作第一层分离运动,从第一层并联机构中删除P_{a21}和机架,剩下的结构就是子结构Ⅰ,如图7-1(c)所示,其中支链C1包含P_{a11},C2包含P_{a22}和P_{a23},EP就是第一层并联机构的动平台。

第三,第一层分离运动是一移,根据位移子群关系$\{M_1\}=\{T(\boldsymbol{u}_w)\}=\{T\}\cap\{T(\boldsymbol{u}_w)\}$,第二层并联机构能被综合,如图7-1(d)所示,其中分支1包含三个独立的移动副,分支2包含1个移动副。

第四,将分支1分为两个支链C3和C4。子结构Ⅱ被确定,如图7-1(e)所示,其中C3包含P_{b13},C4包含P_{b11}和P_{b12},连接C3和C4的连杆是MP1,C5是分支

2，MP2 是第二层并联机构的动平台。

第五，将子结构Ⅰ的 P_{a11} 和 P_{a22} 分别连接到子结构Ⅱ的 MP1 和 MP2，得到如图 7-1(f)所示的一个两层两环机构。C1、C2、C3、C4 和 C5 可以分别描述为 P、P!P、P、P!P 和 P。通过自由度分析，这个机构能输出一个移动。

类似地，更多的机构能被综合，它们的描述如表 7-2 所示。两个典型的机构如图 7-1(g)和图 7-1(h)所示。

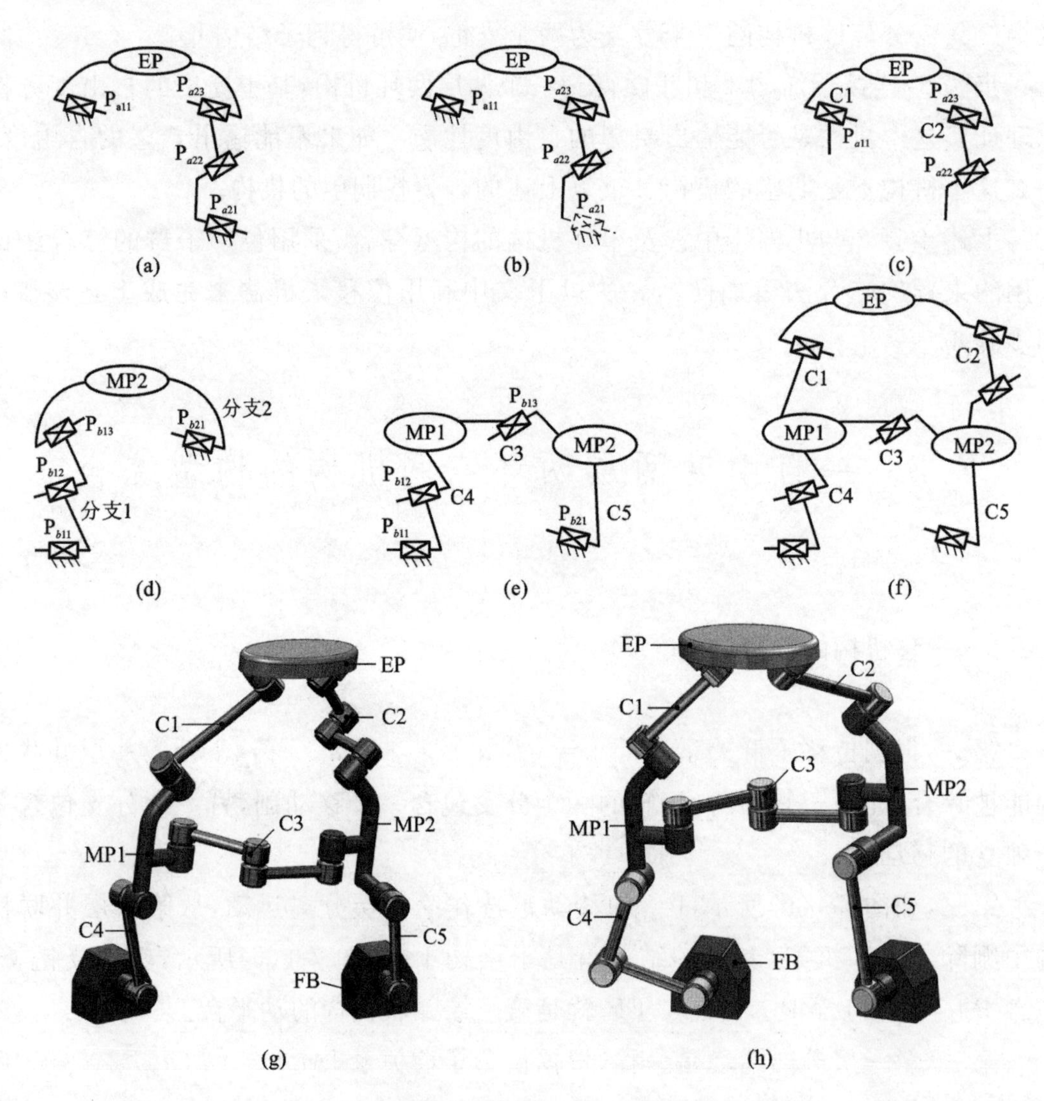

图 7-1 自由度性质为一移的两层两环空间机构构型综合

(a)第一层并联机构；(b)第一层分离自由度性质；(c)子结构Ⅰ；(d)第二层并联机构；(e)子结构Ⅱ；(f)一个综合的新机构；(g)一个典型的新机构；(h)另一个典型的新机构

表 7-2　自由度性质为一移的两层两环空间机构

序号	C1	C2	C3	C4	C5
No. 1	R/R	R/R/R	R/R/R	R/R	R/R
No. 2	P! P	P	P! P	P	P
No. 3	P! P	P	P	P! P	P
No. 4	R/R/R	R/R	R/R	R/R	R/R/R
No. 5	R/R	R/R	R/R/R	R/R/R	R/R
No. 6	R/R	R/R	R/R/R	R/R	R/R/R

7.2.2　一转机构的构型综合

第一，根据群运算 $\{M_{ep}\}=\{R(N,\boldsymbol{u})\}=\{G_2(\boldsymbol{u})\}\cap\{G_2(\boldsymbol{v})\}$，第一层并联机构被综合，如图 7-2(a)所示，每个分支包含两个平行的转动副，且所有分支的转动副平行。

第二，选择 R_{a11} 为产生第一层分离自由度的运动副，如图 7-2(b)所示。从第一层并联机构中删除 R_{a11} 和机架，余下的机构作为子结构Ⅰ，如图 7-2(c)所示。

第三，根据 $\{M_1\}=\{R(N,\boldsymbol{u})\}=\{R(N,\boldsymbol{u})\}\cap\{G(\boldsymbol{u})\}$，第一层并联机构被综合，其中分支 1 包含一个转动副，分支 2 包含三个平行的转动副，两个分支的转动副彼此平行，如图 7-2(d)所示。

第四，将第二层并联机构的分支 2 分解成两个支链——C3 和 C5，子结构Ⅱ被确定，如图 7-2(e)所示，其中，支链 C3 由 R_{b22} 和 R_{b23} 构成，C5 由 R_{b21} 构成，C4 就是第二层并联机构的分支 1，连接 C3 和 C5 的杆是 MP2，第二层并联机构的动平台作为 MP1。

第五，分别连接子结构Ⅰ的 R_{a12} 和 R_{a21} 到子结构Ⅱ的 MP1 和 MP2，形成了如图 7-2(f)所示的一个两层两环机构。支链 C1、C2、C3、C4 和 C5 被描述为 R＜4/＞、R＜1/＞/R、R＜4/＞/R、R 和 R＜3/＞。基于提出的自由度分析方法，分析得到该机构的末端平台 EP 的自由度性质是一个转动。

类似于上述综合过程，其他输出自由度性质为一个转动的两层两环空间机构能被综合，如表 7-3 所示。三个典型的机构 No. 1、No. 3 和 No. 4 分别如图 7-2(g)、图 7-2(h)和图 7-2(i)所示。

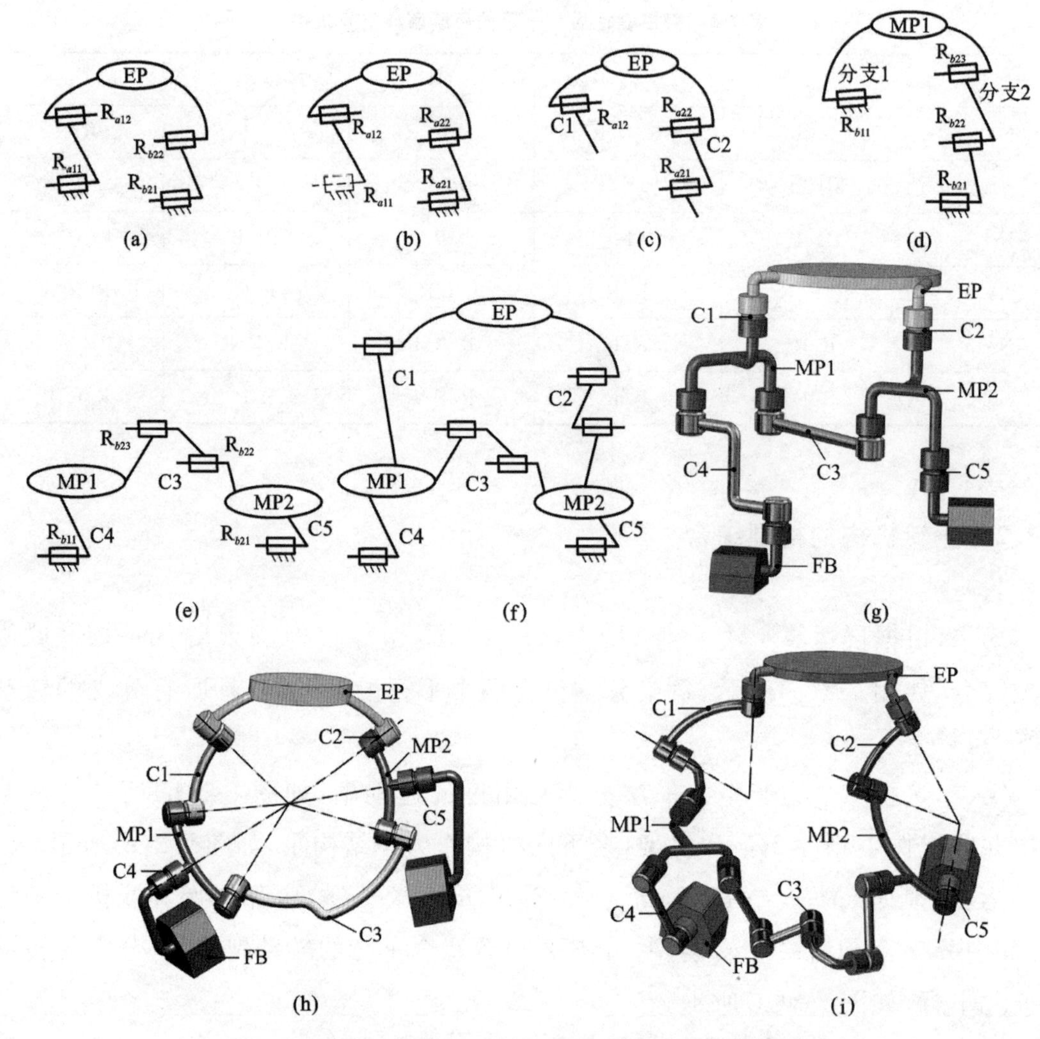

图 7-2 自由度性质为一转的两层两环空间机构构型综合

(a)第一层并联机构；(b)第一层分离自由度性质；(c)子结构Ⅰ；(d)第二层并联机构；(e)子结构Ⅱ；(f)一个综合的新机构；(g)典型新机构一；(h)典型新机构二；(i)典型新机构三

表 7-3 自由度性质为一转的两层两环空间机构

序号	C1	C2	C3	C4	C5
No. 1	(R∧R)<4＊>	R<1＊>	(R∧R)<4＊>	R	R<3＊>
No. 2	R<4/>！R∧R	R<1＊>	R/R (1/)	R/R	R<2/>
No. 3	R<4/>	R<1/>	R/R<4/>	R/R	R<3/>
No. 4	R<4/>！R∧R	R∧R	R/R！R/R/R	R/R	R<2＊>
No. 5	(R∧R)<4＊>	R<1＊>	R/R！R/R/R	R	R<2＊>

7.3 二自由度两层两环空间机构的构型综合

7.3.1 两转机构的构型综合

第一，基于群运算，$\{M_{ep}\}=\{S_2(N)\}=\{S(N)\}\cap\{S_2(N)\}$，可以确定第一层并联机构，如图 7-3(a)所示，该机构中的一个分支包含三个在一点相交的转动

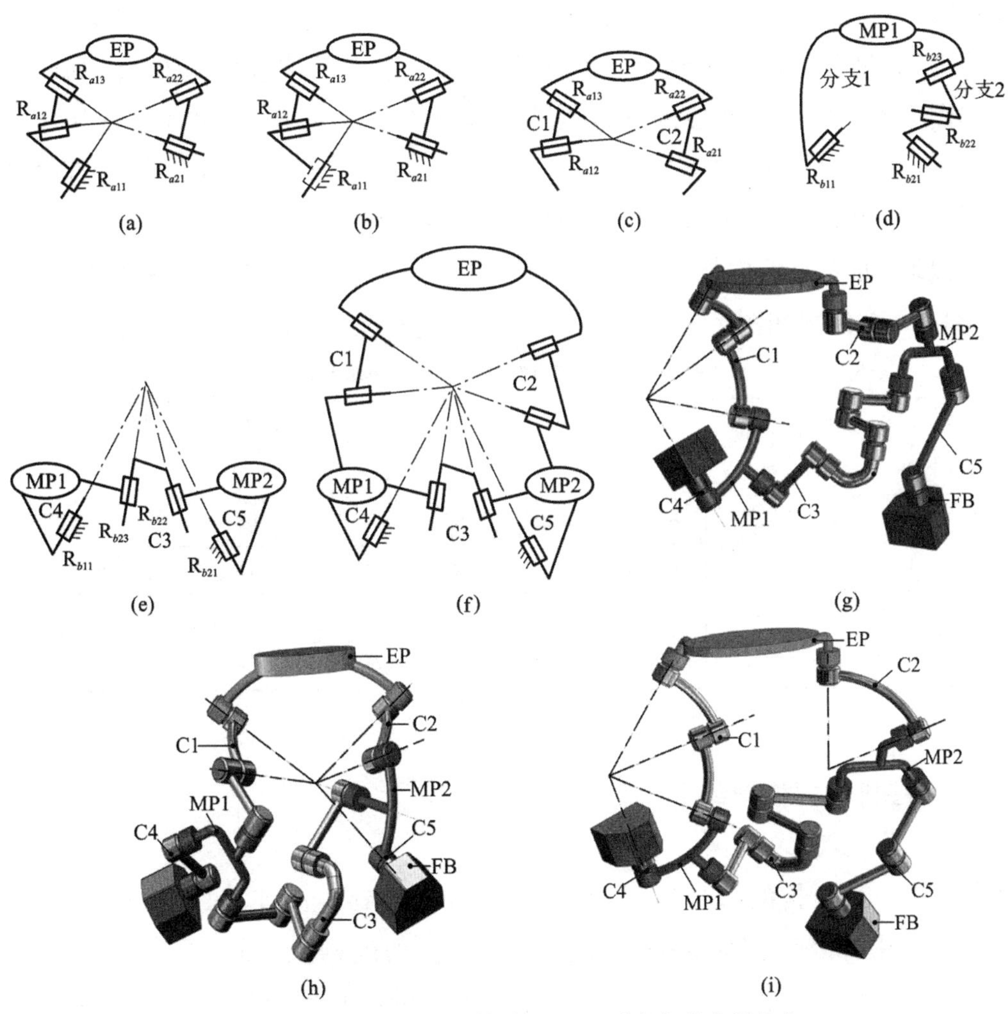

图 7-3 自由度性质为一转的两层两环空间机构构型综合

(a)第一层并联机构；(b)第一层分离自由度性质；(c)子结构Ⅰ；(d)第二层并联机构；
(e)子结构Ⅱ；(f)一个综合的新机构；(g)典型的新机构一；(h)典型的新机构二；(i)典型的新机构三

副，另一分支包含两个相交的转动副，并且所有的转动副在一点汇交。

第二，如图 7-3(b)所示，选取 R_{a11} 作为产生第一层分离自由度的运动副。删除第一层并联机构的 R_{a11} 和机架后，剩余的结构作为子结构Ⅰ，如图 7-3(c)所示，其中支链 C1 由转动副 R_{a12} 和 R_{a13} 构成，支链 C2 由转动副 R_{a21} 和 R_{a22} 构成。

第三，根据子群运算 $\{M_1\}=\{R(N,\boldsymbol{u})\}=\{R(N,\boldsymbol{u})\}\cap\{S(N)\}$，第二层并联机构被综合，如图 7-3(d)所示，其中，分支 1 由一个转动副构成，分支 2 由三个转动副构成，并且所有的转动副在一点汇交。

第四，将分支 2 分离成两个支链 C3 和 C5，子结构Ⅱ被确定，如图 7-3(e)所示，其中 C3 由 R_{b22} 和 R_{b23} 构成，C5 由 R_{b21} 构成，C4 是分支 1，MP2 是连接 C3 和 C5 的杆，MP1 是第二层并联机构的动平台。

第五，通过分别连接子结构Ⅰ的 R_{a12} 和 R_{a21} 到子结构Ⅱ的 MP1 和 MP2，形成了如图 7-3(f)所示的两层两环机构。机构中 C1、C2、C3、C4 和 C5 被分别描述为(R∧R)<4∗>、(R∧R)<2∗>、(R∧R)<4∗>、R 和 R<3∗>。通过自由度分析，该机构的末端平台自由度性质是两个相交的连续转动。

类似地，更多的机构能被综合，如表 7-4 所示。其中三个典型的机构 No. 1、No. 2 和 No. 4 分别如图 7-3(g)、图 7-3(h)和图 7-3(i)所示。

表 7-4 自由度性质为两转的两层两环空间机构

序号	C1	C2	C3	C4	C5
No. 1	(R∧R∗R)<4∗>	R! R! R	R/R/R! R/R	R	R<2/>/R
No. 2	R<4/>! R∧R	(R∧R)<1∗>	R/R! R/R/R	R/R	R<2∗>
No. 3	R<4/>/R! R∧R	(R∧R)<1∗>	R/R! R/R/R	R	R<2∗>
No. 4	(R∧R∗R)<4∗>	R∧R	R/R/R! R/R	R	R/R/R
No. 5	(R∧R)<4∗>	(R∧R)<1∗>	R/R/R! R/R	R	R<2∗>

7.3.2 两移机构的构型综合

类似于一移机构的综合过程，两移机构可以得到。例如，只需将如图 7-1(a)所示的第一层并联机构变成一个分支由两个移动副构成，另一个分支由三个移动副构成，继续进行相同的余下步骤，一个两移机构便可得到。最终综合所得的机构如表 7-5 所示，其中两个典型的机构 No. 1 和 No. 3 如图 7-4(a)和图 7-4(b)所示。

表 7-5　自由度性质为两移的两层两环空间机构

序号	C1	C2	C3	C4	C5
No. 1	R/R/R	R/R/R	R/R	R/R	R/R/R
No. 2	P	P!P	P!P	P!P	P
No. 3	R/R	R/R/R	R/R/R	R/R/R	R/R
No. 4	P	P!P	P!P	P	P!P
No. 5	R/R	R/R/R	R/R	R/R/R	R/R/R
No. 6	R/R/R	R/R	R/R/R	R/R/R	R/R
No. 7	R/R/R	R/R/R	R/R/R	R/R	R/R

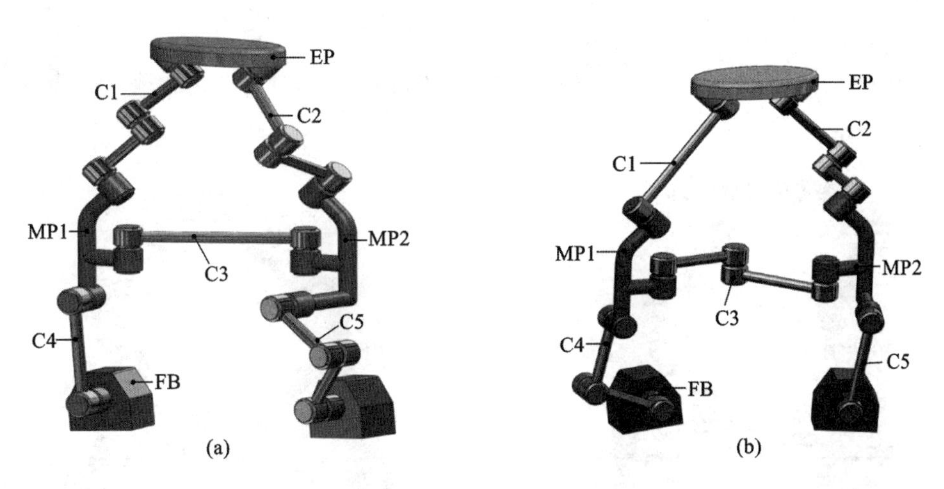

图 7-4　两个典型的两移机构

(a)典型的新机构一;(b)典型的新机构二

7.3.3　一转一移机构的构型综合

第一,基于位移子群运算,$\{M_{ep}\}=\{R(N,\boldsymbol{u})\}.\{T(\boldsymbol{v})\}=\{L_1\}\cap\{L_2\}$,式中$\{L_1\}$是$\{S_2(N)\}.\{T(\boldsymbol{v})\}$,$\{L_2\}$是$\{S_2(N)\}.\{T(\boldsymbol{v})\}$,第一层并联机构被确定,如图 7-5(a)所示,其中每个分支都由两个转动副和一个移动副构成,并且所有的转动在一点汇交,所有的移动副平行。

第二,选取 P_{a11}、R_{a12}和 P_{a21}为产生第一层分离自由度性质的运动副,如图 7-5(b)所示。将 P_{a11}、R_{a12}、P_{a21}和机架删除,剩余的结构作为子结构Ⅰ,如图 7-5(c)所示。其中,C1 由 R_{a13}构成,C2 由 R_{a22}和 R_{a23}构成。

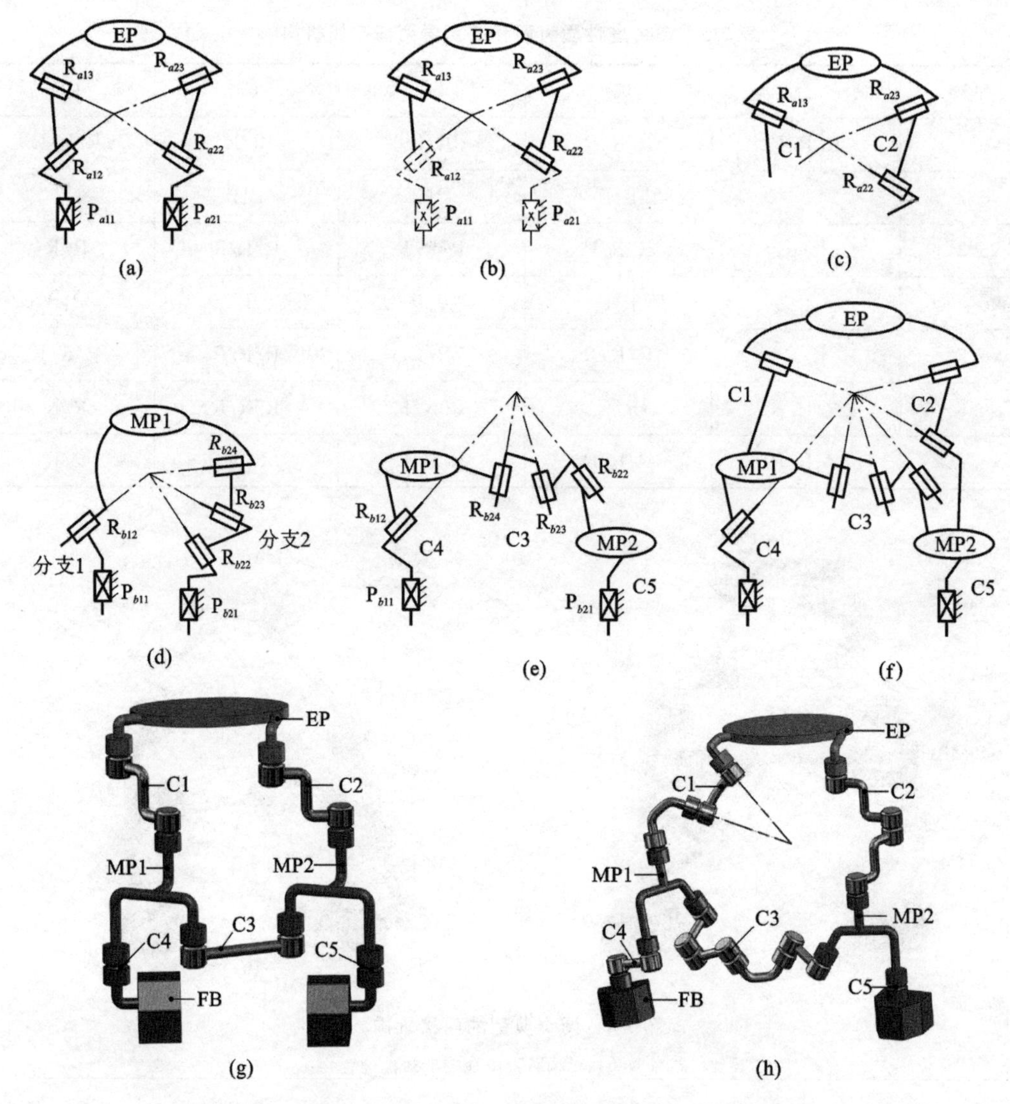

图 7-5　自由度性质为一转一移的两层两环空间机构构型综合

(a)第一层并联机构;(b)第一层分离自由度性质;(c)子结构Ⅰ;(d)第二层并联机构;
(e)子结构Ⅱ;(f)一个综合的新机构;(g)一个典型的新机构;(h)另一个典型的新机构

第三,根据子群运算,$\{M_1\}=\{R(N,\boldsymbol{u})\}.\{T(\boldsymbol{v})\}=\{L_1\}\cap\{L_2\}$,式中$\{L_1\}$是$\{R(N,\boldsymbol{u})\}.\{T(\boldsymbol{v})\}$,$\{L_2\}$是$\{S(N)\}.\{T(\boldsymbol{v})\}$,第二层并联机构被综合,如图 7-5(d)所示,其中分支 1 由一个转动副和一个移动副构成,分支 2 由三个转动副和一个移动副构成,并且所有的转动副在一点汇交,所有的移动副平行。

第四,将分支 2 分解成两个支链 C3 和 C4,子结构 Ⅱ 得以确定,如图 7-5(e)所示,其中 C3 由 R_{b22}、R_{b23} 和 R_{b24} 组成,C5 由 P_{b21} 组成,C4 就是分支 1,MP2 是连接支链 C3 和 C5 的连杆,MP1 是第二层并联机构的动平台。

第五，将子结构Ⅰ的 R_{a13} 和 R_{a22} 分别连接到子结构Ⅱ的 MP1 和 MP2，如图 7-5(f)所示，形成了一个两层两环机构，其中 C1、C2、C3、C4 和 C5 分别被描述为 R＜4＊＞、(R∧R)＜1＊＞、(R＊R＊R)＜4＊＞、P！R 和 P＜4/＞。

类似地，更多的自由度性质为一转一移的两层两环机构能被综合，它们的描述如表 7-6 所示。两个典型的机构 No. 2 和 No. 4 分别如图 7-5(g)和图 7-5(h)所示。

表 7-6　自由度性质为一转一移的两层两环空间机构

序号	C1	C2	C3	C4	C5
No. 1	R＜4＊＞	R＜1＊＞	(R∧R)＜4＊＞！R/R/R	P！R∧R	P＜4/＞
No. 2	R＜4/＞/R	R＜1/＞/R	R＜4/＞/R	R	R＜3/＞
No. 3	R＜4/＞/R	R＜1/＞/R	R/R！R/R/R	R	R＜2/＞
No. 4	R＜4/＞！R∧R	R/R/R	R/R！R/R/R	R/R	R＜2/＞

7.4　三自由度两层两环空间机构的构型综合

7.4.1　三转机构的构型综合

类似自由度性质为两转的两层两环空间机构的综合，可以得到自由度性质为三个转动的两层两环空间机构。例如，只需将如图 7-3(a)所示的第一层并联机构的几个分支变成由三个汇交的转动副构成，另一分支也是三个汇交的转动副，并且所有的转动副都在一点汇交。只需继续执行剩下的步骤，一个能输出三个转动的两层两环空间机构便可得到。表 7-7 列出了一些综合的三转机构。两个典型的机构 No. 2 和 No. 4 分别如图 7-6(a)和图 7-6(b)所示。

表 7-7　自由度性质为三转的两层两环空间机构

序号	C1	C2	C3	C4	C5
No. 1	(R∧R)＜4＊＞	(R∧R＊R)＜1＊＞	(R∧R)＜4＊＞	R	R＜3＊＞
No. 2	R！R！R	R∧R＊R	R/R/R！R/R	R/R！R	R＜2＊＞
No. 3	R＜4/＞！R∧R	(R∧R)＜1＊＞	R/R/R！R/R	R/R	(R∧R)＜2＊＞
No. 4	R∧R＊R	R∧R＊R	R/R/R！R/R	R！R/R	R＜2＊＞

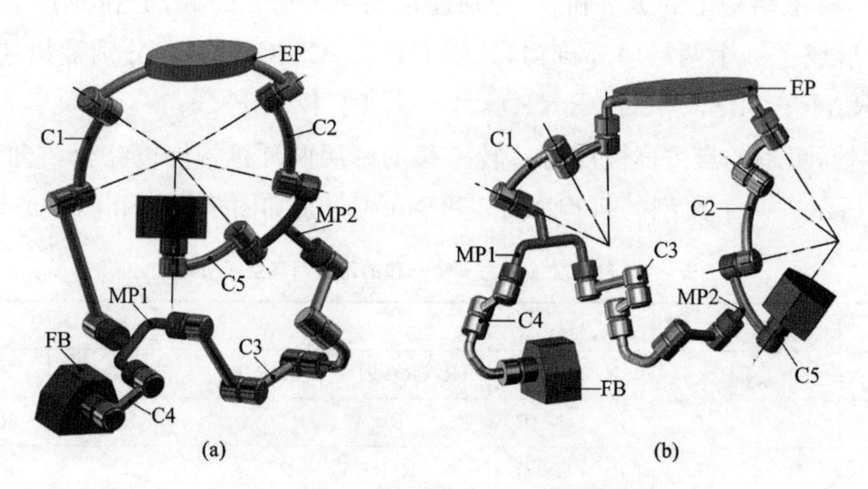

图 7-6 两个典型的三转机构

(a)一个典型的新机构;(b)另一个典型的新机构

7.4.2 三移机构的构型综合

类似上述自由度性质为一移机构的综合过程,自由度性质为三移的两层两环空间机构能被综合。表 7-8 给出了一些综合结果。两个典型的机构 No. 2 和No. 3 分别如图 7-7 (a)和图 7-7(b)所示。

表 7-8 自由度性质为三移的两层两环空间机构

序号	C1	C2	C3	C4	C5
No. 1	P! P! P	P! P	P	P! P	P
No. 2	R/R/R	R/R/R	R/R	R/R/R	R/R/R
No. 3	R/R/R	R/R	R/R/R	R/R/R	R/R/R
No. 4	P! P! P	P	P	P! P	P! P
No. 5	P! P! P	P! P	P! P	P	P! P
No. 6	P! P	P! P! P	P! P	P! P	P

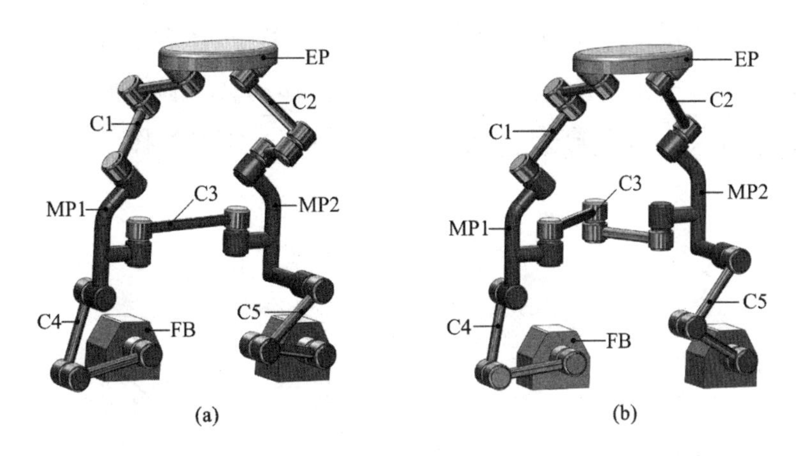

图 7-7　两个典型的三移机构

(a)一个典型的新机构;(b)另一个典型的新机构

7.4.3　两移一转机构的构型综合

第一,根据子群运算,$\{M_{ep}\}=\{R(N,\boldsymbol{u})\}.\{T(P_{vw})\}=\{L_1\}\cap\{L_2\}$,式中$\{L_1\}$是$\{S_2(N)\}.\{T(P_{vw})\}$,$\{L_2\}$是$\{S_2(N)\}.\{T(P_{vw})\}$,第一层并联机构能被综合,如图 7-8(a)所示,其中每个分支由两个转动副和两个移动副构成,并且所有的转动副在一点相交,所有的移动副平行于同一平面。

第二,如图 7-8(b)所示,选择 P_{a11}、P_{a12}、R_{a13}、P_{a21} 和 P_{a22} 为产生第一层分离自由度性质的运动副。将这些运动副和机架从第一层并联机构中删除,剩下的结构作为子结构Ⅰ,如图 7-8(c)所示,其中 C1 由 R_{a14} 构成,C2 由 R_{a23} 和 R_{a24} 构成。

第三,根据子群运算 $\{M_1\}=\{R(N,\boldsymbol{k})\}.\{T(P_{vw})\}=\{L_1\}\cap\{L_2\}$,式中$\{L_1\}$是$\{R(N,\boldsymbol{u})\}.\{T(P_{vw})\}$,$\{L_2\}$是$\{S(N)\}.\{T(P_{vw})\}$,图 7-8(d)所示的第二层并联机构能被综合,其中分支 1 由一个转动副和两个移动副构成,分支 2 由三个转动副和两个移动副构成,并且所有的转动副在一点相交,所有的移动副平行于同一平面。

第四,将分支 2 分解成两个支链 C3 和 C5。如图 7-8(e)所示的子结构Ⅱ得以确定,其中 C3 由 R_{b23}、R_{b24} 和 R_{b25} 构成,C5 由 P_{b21} 和 P_{b22} 构成,C4 就是分支 1,MP2 是连接 C3 和 C5 的连杆,MP1 是第二层并联机构的动平台。

第五,将子结构Ⅰ的 R_{a14} 和 R_{a23} 分别连接到子结构Ⅱ的 MP1 和 MP2 便形成如图 7-8(f)所示的一个两层两环机构,通过自由度分析,这个机构能输出一个连续的转动和两个任意的移动。这个机构的支链 C1、C2、C3、C4 和 C5 分别被描述为

R＜4∗＞、(R∧R)＜1∗＞、(R∗R∗R)＜4∗＞、P!P!R 和 P!P＜4/＞。

类似地，可以综合出更多的自由度性质为两移一转的两层两环机构，表 7-9 给出了一些综合结果。两个典型机构 No. 2 和 No. 4 分别如图 7-8(g)和图 7-8(h)所示。

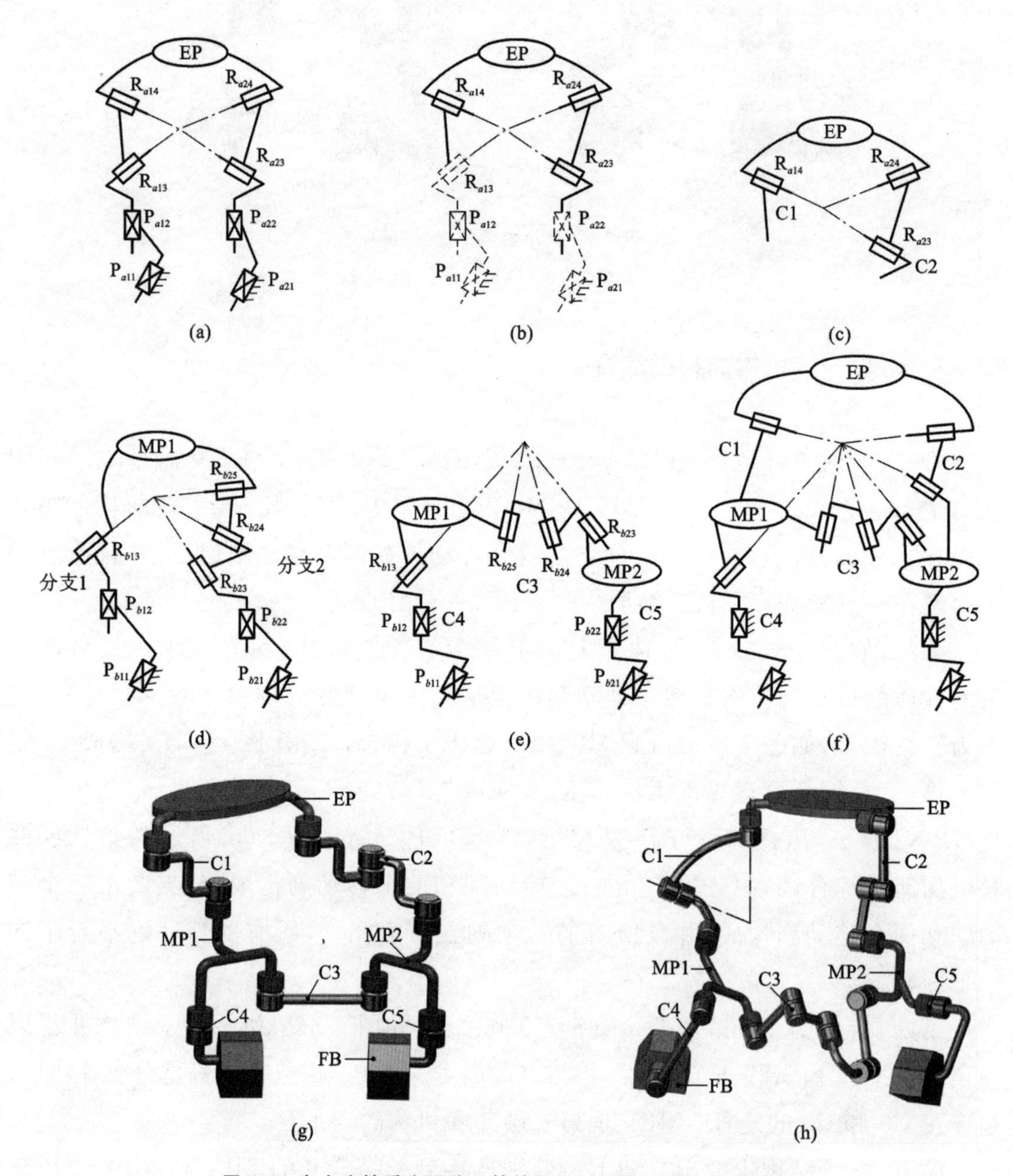

图 7-8 自由度性质为两移一转的两层两环空间机构构型综合

(a)第一层并联机构；(b)第一层分离自由度性质；(c)子结构Ⅰ；(d)第二层并联机构；(e)子结构Ⅱ；(f)一个综合的新机构；(g)一个典型的新机构；(h)另一个典型的新机构

表 7-9 自由度性质为两移一转的两层两环空间机构

序号	C1	C2	C3	C4	C5
No. 1	(R∧R)<4*>	R<1*>	(R∧R)<4*>!R/R/R	P!P!R	P!P<4/>
No. 2	R<4/>/R	R<1/>/R/R	R<4/>/R	R	R<3/>
No. 3	R<4/>/R	R<1/>/R	R/R!R/R/R	R	R<4/>/R
No. 4	R<4/>!R∧R	R/R/R	R/R!R/R/R	R/R	R<2/>
No. 5	(R∧R)<4*>	R!P!P	(R∧R)<4*>!R/R/R	P!P!P!R	P

7.4.4 两转一移机构的构型综合

类似于上述自由度性质为一转一移的机构的综合过程，自由度性质为两转一移的两层两环空间机构能被综合。表 7-10 列出了一些综合的两转一移机构，其中两个典型的机构 No. 2 和 No. 4 分别如图 7-9(a)和图 7-9(b)所示。

表 7-10 自由度性质为两转一移的两层两环空间机构

序号	C1	C2	C3	C4	C5
No. 1	(R∧R)<4*>	(R∧R)<1*>	(R∧R*R)<4*>	P!R	P<4/>
No. 2	(R∧R)<4*>	(R∧R)<1*>	R<4/>/R/R	P!R	P<4/>
No. 3	R<4/>!R∧R	(R∧R)<1*>/R/R	R/R/R!R/R	R/R	R<2/>
No. 4	R∧R*R	R∧R/R/R	R/R/R	P	R/R/R

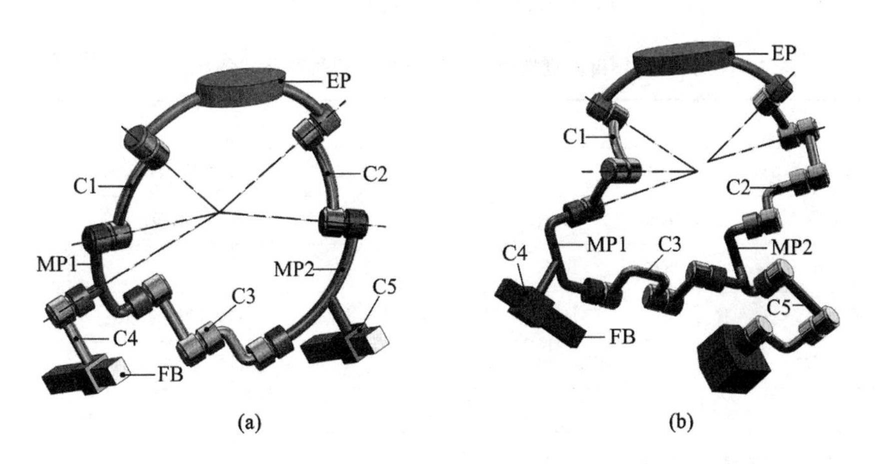

图 7-9 两个典型的两转一移机构

(a)典型的新机构一；(b)典型的新机构二

7.5　四自由度两层两环空间机构的构型综合

7.5.1　三移一转机构的构型综合

类似于自由度性质为两移一转的机构的综合过程，自由度性质为三移一转的机构能被综合，如图 7-10(a)所示。表 7-11 列出了一些综合结果，其中一个典型的机构 No. 2 如图 7-10(b)所示。

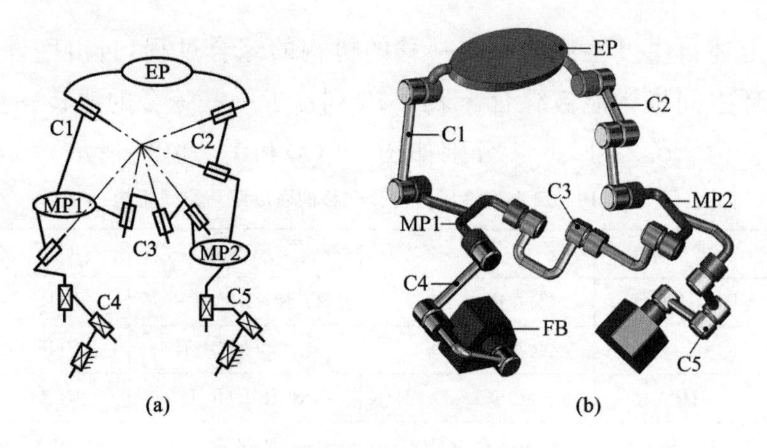

图 7-10　两个典型的三移一转机构

(a)典型的新机构一；(b)典型的新机构二

表 7-11　自由度性质为三移一转的两层两环空间机构

序号	C1	C2	C3	C4	C5
No. 1	(R∧R)<4 * >	R<1 * >	R!R!R	P!R/R/R	P!P!P
No. 2	R/R<4/>	R<1/>/R/R	R<4/>/R/R	R/R/R	R<3/>/R/R
No. 3	R/R/R	R<1/>/R/R	R/R!R/R/R	P	P
No. 4	R<4/>!R∧R	R<1/>/R/R	R/R!R/R/R	R!P!R	R<2/>/R
No. 5	(R∧R)<4 * >	R/R/R	(R∧R)<4 * >!R/R/R	P!R/R/R	P!P

7.5.2　三转一移机构的构型综合

与一转一移机构的综合步骤类似，可以综合出三转一移机构。表 7-12 给出了一些综合结果。两个典型的机构 No. 2 和 No. 4 分别如图 7-11(a)和图 7-11(b)所示。

表 7-12　自由度性质为三转一移的两层两环空间机构

序号	C1	C2	C3	C4	C5
No. 1	(R∧R)<4 * >	(R∧R * R)<1 * >	(R∧R * R)<4 * >	P!R	P<4/>
No. 2	(R∧R)<4 * >	(R∧R * R)<1 * >	(R)<4 * >/R/R	P!R	P<4/>
No. 3	R<4/>!R∧R	(R∧R * R) <1 * >!/R/R	R/R/R!R/R	R/R	P
No. 4	R∧R * R	R∧R * R	R/R/R	P! R/R/R	R<3/>/R

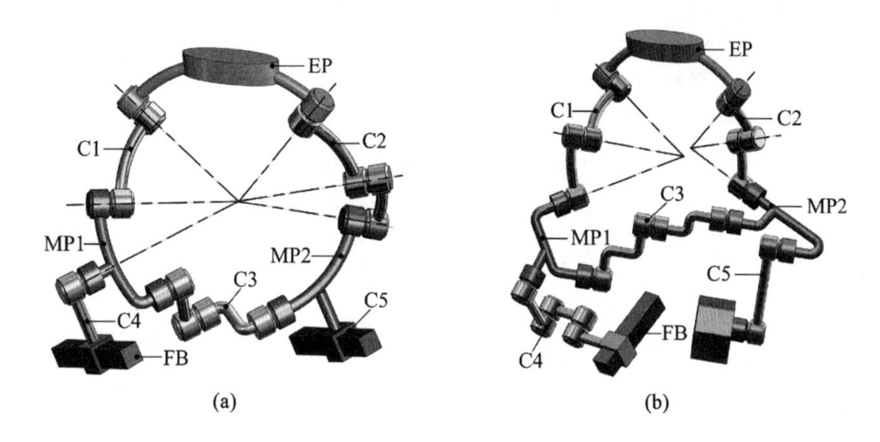

图 7-11　两个典型的三转一移机构

(a)典型的新机构一;(b)典型的新机构二

7.5.3　两转两移机构的构型综合

类似于自由度性质为一转一移的机构的综合过程,两转两移机构能被综合,表 7-13 列出了一些综合结果,其中两个典型的机构 No. 3 和 No. 5 分别如图 7-12(a)和图 7-12(b)所示。

表 7-13　自由度性质为两转两移的两层两环空间机构

序号	C1	C2	C3	C4	C5
No. 1	R<4 * >	(R∧R * R)<1 * >	(R∧R * R)<4 * >	P!P!R	P!P<4/>
No. 2	(R∧R)<4 * >	(R∧R)<1 * >	(R∧R)<4 * >!R/R/R	P!P!R	P!P<4/>
No. 3	R<4/>!R∧R	(R∧R)<1 * >/R/R	R/R/R!R/R	R/R/R	P
No. 4	R∧R * R	R∧R * R	R/R/R	R/R/R	R/R/R<4/>
No. 5	R∧R * R	R∧R * R	P!R/R/R	R/R/R	R/R/R!P

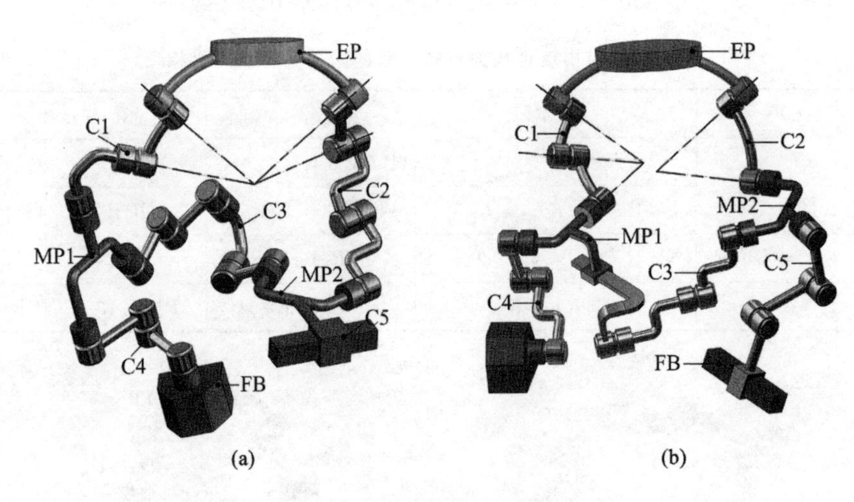

图 7-12 两个典型的两转两移机构

(a)典型的新机构一;(b)典型的新机构二

7.6 五自由度两层两环空间机构的构型综合

7.6.1 三转两移机构的构型综合

表 7-14 给出了一些综合结果,两个典型的机构 No.2 和 No.3 分别如图 7-13(a)和图 7-13(b)所示。

表 7-14 自由度性质为三转两移的两层两环空间机构

序号	C1	C2	C3	C4	C5
No.1	(R∧R)<4*>	(R∧R*R)<4*>	(R∧R*R)<4*>	P!P!R	P!P <4/>
No.2	(R∧R)<4*>	(R∧R*R)<4*>	(R∧R)<4*>!R/R/R	P!P!R	P!P<4/>
No.3	(R∧R*R) <4*>	R∧R<3*>	R/R/R! R∧R	P!R	R<3*>!R/R! P
No.4	R∧R*R	R∧R*R	R/R/R! P	P!R/R/R	R/R/R

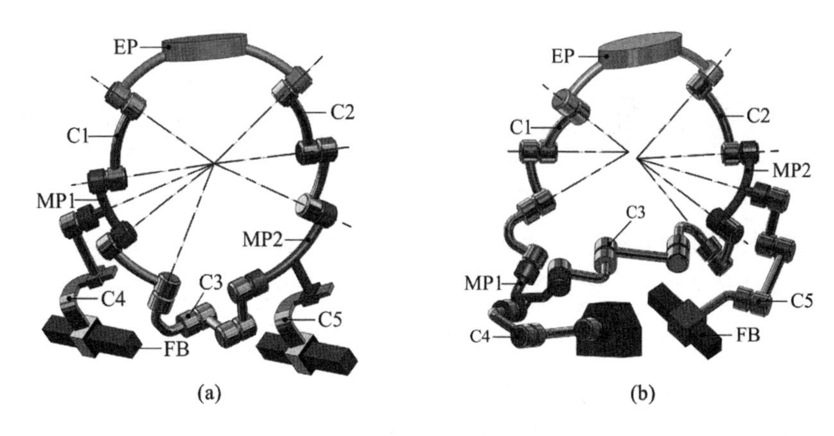

图 7-13 两个典型的三转两移机构

(a)典型的新机构一;(b)典型的新机构二

7.6.2 三移两转机构的构型综合

表 7-15 列出了一些综合结果,两个典型的机构 No. 2 和 No. 3 分别如图 7-14(a)和图 7-14(b)所示。

表 7-15 自由度性质为三移两转的两层两环空间机构

序号	C1	C2	C3	C4	C5
No. 1	(R∧R)<4*>	(R∧R*R)<1*>	(R∧R*R) <4*>	P! R/R/R	P! P! P
No. 2	(R∧R)<4*>	(R∧R)<1*>	(R∧R)<4*>!R/R/R	P! R/R/R	R/R/R! P
No. 3	R/R/R∧R	R∧R! R/R<5/>	R/R! R/R/R	P	R/R! P<4/>
No. 4	(R∧R)<4*>	(R∧R)<1*>	R∧R! R∧R*R	P! R/R/R	R/R/R! P

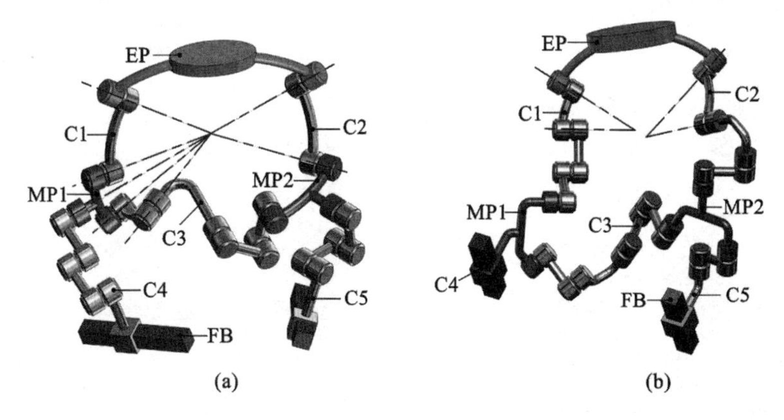

图 7-14 两个典型的三移两转机构

(a)典型的新机构一;(b)典型的新机构二

7.7 两层两环空间机构构型综合的数字化实现

基于上述构型描述,两层两环机构的构型能被便于计算程序识别的字符串表示,利用第 3 章建立的空间并联机构的数字化构型综合原理,可以实现各种自由度性质的单环机构的构型综合,建立相应的构型数据库。

步骤 1:给定希望的自由度性质;

步骤 2:从单环机构的数据库中选择满足希望的自由度性质的单环机构,从而得到多种第一层并联机构;

步骤 3.1:选择一种第一层并联机构;

步骤 3.2:分解第一层并联机构的一个分支的运动副,产生第一层分离自由度性质;

步骤 4:从数据库选择满足第一层分离自由度性质的单环机构,从而得到多种第二层并联机构;

步骤 5:分解第二层并联机构的一个分支为两个支链;

步骤 8:产生新的机构;

步骤 9:自由度分析计算。

基于上述步骤,一个两层两环空间机构的构型数据库已经被建立,如图 7-15 所示。

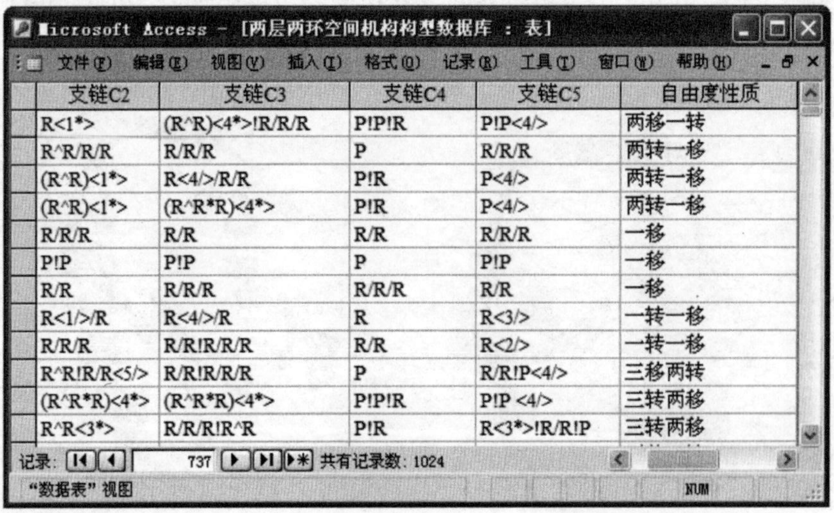

Microsoft Access - [两层两环空间机构构型数据库 : 表]

文件(F) 编辑(E) 视图(V) 插入(I) 格式(O) 记录(R) 工具(T) 窗口(W) 帮助(H)

支链C2	支链C3	支链C4	支链C5	自由度性质
R<1*>	(R^R)<4*>!R/R/R	P!P!R	P!P<4/>	两移一转
R^R/R/R	R/R/R	P	R/R/R	两转一移
(R^R)<1*>	R<4/>/R/R	P!R	P<4/>	两转一移
(R^R)<1*>	(R^R*R)<4*>	P!R	P<4/>	两转一移
R/R/R	R/R	R/R	R/R/R	一移
P!P	P!P	P	P!P	一移
R/R	R/R/R	R/R/R	R/R	一移
R<1/>/R	R<4/>/R	R	R<3/>	一转一移
R/R/R	R/R!R/R/R	R/R	R<2/>	一转一移
R^R!R/R<5/>	R/R!R/R/R	P	R/R!P<4/>	三移两转
(R^R*R)<4*>	(R^R*R)<4*>	P!P!R	P!P <4/>	三转两移
R^R<3*>	R/R/R!R^R	P!R	R<3*>!R/R!P	三转两移

记录: 737 共有记录数: 1024

"数据表"视图 NUM

图 7-15 两层两环空间机构构型数据库

参 考 文 献

[1] OLSON D G, ERDMAN A G, RILEY D R. A Systematic Procedure for Type Synthesis of Mechanisms with Literature Review [J]. Mechanism and Machine Theory, 1985, 20(4): 285-295.

[2] 邹慧君，蓝兆辉，王石刚，等. 机构学研究现状、发展趋势和应用前景[J]. 机械工程学报，1999,35(5): 1-4.

[3] 高峰. 机构学研究现状与发展趋势的思考[J]. 机械工程学报，2005,41(8): 3-17.

[4] DOBRJANSKYJ L, FREUDENSTEIN F. Some Applications of Graph Theory to Structural Analysis of Mechanisms [J]. Journal of Engineering for Industry, 1967, 89(1): 153-158.

[5] WOO L S. Type Synthesis of Plane Linkages [J]. Journal of Manufacturing Science and Engineering, 1967, 89(1): 159-170.

[6] THOMPSON T R, RILEY D R, ERDMAN A G. Expert System Approach to Type Synthesis of Mechanisms[C]// Proceedings of the International Computers in Engineering Conference, 1985. New York: ASME, 1985: 71-75.

[7] OLSON D G, THOMPSON T R, RILEY D R, et al. An Algorithm for Automatic Sketching of Planar Kinematic Chains [J]. Journal of Mechanical Design, 1985, 107(1): 106-111.

[8] BELFIORE N P, PENNESTRI E. Automatic Sketching of Planar Kinematic Chains [J]. Mechanism and Machine Theory, 1994, 29(1): 177-193.

[9] MRUTHYUNJAYA T S, RAGHAVAN M R. Computer Aided Analysis of the Structure of Kinematic Chains [J]. Mechanism and Machine Theory, 1984, 19(3): 357-368.

[10] WANG Y X, YAN H S. Computerized Rules-Based Regeneration Method for Conceptual Design of Mechanisms [J]. Mechanism and Machine Theory, 2002, 37(9): 833-849.

[11] HWANG W M, HWANG Y W. Computer-Aided Structural Synthesis of Planar Kinematic Chains with Simple Joints [J]. Mechanism and Machine

Theory，1992，27(2)：189-199.

[12] YAN H S，CHEN C W. A Systematic Approach for the Structural Synthesis of Differential-Type South Pointing Chariots [J]. JSME International Journal，Series C：Mechanical Systems，Machine Elements and Manufacturing，2006，49(3)：920-929.

[13] SAURA M，CELDRAN A，DOPICO D，et al. Computational Structural Analysis of Planar Multibody Systems with Lower and Higher Kinematic Pairs [J]. Mechanism and Machine Theory，2014，71：79-92.

[14] DING H F，HUANG Z. A Unique Representation of the Kinematic Chain and the Atlas Database [J]. Mechanism and Machine Theory，2007，42(6)：637-651.

[15] DING H F，HUANG Z，MU D. Computer-Aided Structure Decomposition Theory of Kinematic Chains and Its Applications [J]. Mechanism and Machine Theory，2008，43(12)：1596-1609.

[16] DING H F，ZHAO J，HUANG Z. Unified Structural Synthesis of Planar Simple and Multiple Joint Kinematic Chains [J]. Mechanism and Machine Theory，2010，45(4)：555-568.

[17] DING H F，HOU F，KECSKEMÉTHY A，et al. Synthesis of the Whole Family of Planar 1-DOF Kinematic Chains and Creation of Their Atlas Database [J]. Mechanism and Machine Theory，2012，47：1-15.

[18] CHEBYCHEV P. Théorie Des Mécanismes Connus Sous Le Nom De Parallélogrammes，1ére Partie [J]. Mémoires présentés ál Académie impériale des sciences de Saint-Pétersbourg par divers savants，1854：22-28.

[19] SYLVESTER J J. On Recent Discoveries in Mechanical Conversion of Motion [C]. Proceedings of Royal Institution of Great Britain，1874：179-198.

[20] SOMOVE P. On the Degree of Freedom of the Motion of Kinematic Chains [J]. J. Phys. Chem. Soc. of Russia，1887，19(9)：7-25.

[21] KUTZBACH K. Mechanische Leitungsverzweigung，Ihre Gesetze Und Anwendungen [J]. Maschinenbau，1929，8(21)：710-716.

[22] VOINEA R，ATANASIU M. Contribution a L'étude De La Structure Des

Chaînes Cinématiques [J]. Bul. Inst. Politechnic Bucuresti, 1960, 22: 29-77.

[23] WALDRON K J. The Constraint Analysis of Mechanisms [J]. Journal of Mechanisms, 1966, 1(2): 101-114.

[24] HUNT K H. Kinematic Geometry of Mechanisms [M]. Oxford: Oxford University Press, 1978: 375-382.

[25] 黄真. 空间机构学 [M]. 北京:机械工业出版社, 1991: 133-138.

[26] 黄真, 孔令富, 方跃法. 并联机器人机构学理论及控制 [M]. 北京:机械工业出版社, 1997: 18-29.

[27] HUANG Z, LI Q. Type Synthesis of Symmetrical Lowermobility Parallel Mechanisms Using the Constraint Synthesis Method [J]. The International Journal of Robotics Research, 2003, 22(1): 59-79.

[28] 黄真, 赵永生, 赵铁石. 高等空间机构学[M]. 北京:高等教育出版社, 2006: 5-367.

[29] KONG X, GOSSELIN C M. Type Synthesis of Parallel Mechanisms [M]. Berlin: Springer, 2007: 35-177.

[30] DAI J S, HUANG Z, LIPKIN H. Mobility of Overconstrained Parallel Mechanisms [J]. Journal of Mechanical Design, Transactions of the ASME, 2006, 128(1): 220-229.

[31] ZHAO J S, ZHOU K, FENG Z J. A Theory of Degrees of Freedom for Mechanisms [J]. Mechanism and Machine Theory, 2004, 39(6): 621-643.

[32] HERVE J M. Analyse Structurelle Des Mécanismes Par Groupe Des Déplacements [J]. Mechanism and Machine Theory, 1978, 13(4): 437-450.

[33] FANGHELLA P, GALLETTI C. Mobility Analysis of Single-Loop Kinematic Chains: An Algorithmic Approach Based on Displacement Groups[J]. Mechanism and Machine Theory, 1994, 29(8): 1187-1204.

[34] RICO J M, AGUILERA L D, GALLARDO J, et al. A More General Mobility Criterion for Parallel Platforms [J]. Journal of Mechanical Design, 2006, 128(1): 207-219.

[35] YANG T L, SUN D J. A General Degree of Freedom Formula for Parallel

Mechanisms and Multiloop Spatial Mechanisms [J]. Journal of Mechanisms and Robotics, 2012, 4(1): 0110011.

[36] GOGU G. Chebychev-Grubler-Kutzbach's Criterion for Mobility Calculation of Multi-Loop Mechanisms Revisited Via Theory of Linear Transformations [J]. European Journal of Mechanics, A/Solids, 2005, 24(3): 427-441.

[37] GOGU G. Mobility and Spatiality of Parallel Robots Revisited Via Theory of Linear Transformations [J]. European Journal of Mechanics, A/Solids, 2005, 24(4): 690-711.

[38] GOGU G. Mobility of Mechanisms: A Critical Review [J]. Mechanism and Machine Theory, 2005, 40(9): 1068-1097.

[39] 黄真，刘婧芳，李艳文. 150 年机构自由度的通用公式问题 [J]. 燕山大学学报，2011,35(1)：1-14.

[40] 黄真，刘婧芳，李艳文. 论机构自由度：寻找了 150 年的自由度通用公式 [M]. 北京:科学出版社，2011：5-110.

[41] 黄真，刘婧芳，曾达幸. 基于约束螺旋理论的机构自由度分析的普遍方法 [J]. 中国科学(E 辑:技术科学)，2009,39(1)：84-93.

[42] WEI G, DING X, DAI J S. Mobility and Geometric Analysis of the Hoberman Switch-Pitch Ball and Its Variant [J]. Journal of Mechanisms and Robotics, 2010, 2(3): 0310101.

[43] DAI J S, LI D, ZHANG Q, et al. Mobility Analysis of a Complex Structured Ball Based on Mechanism Decomposition and Equivalent Screw System Analysis [J]. Mechanism and Machine Theory, 2004, 39(4): 445-458.

[44] ZOPPI M, ZLATANOV D, MOLFINO R. On the Velocity Analysis of Interconnected Chains Mechanisms [J]. Mechanism and Machine Theory, 2006, 41(11): 1346-1358.

[45] KONG X, GOSSELIN C M. Mobility Analysis of Parallel Mechanisms Based on Screw Theory and the Concept of Equivalent Serial Kinematic Chain[C]//ASME International Design Engineering Technical Conferences and Computers and Information in Engineering Conference, September 24-28, 2005. New York: ASME, 2005: 911-920.

[46] POLLARD V, WILLARD L. Position-Controlling Apparatus: US2286571[P]. 1942-06-16.

[47] GOUGH V, WHITEHALL S. Universal Tyre Test Machine[C]// Proceedings of 9th International Congress FISITA, 1962. London: Institution of Mechanical Engineers, 1962: 117-137.

[48] STEWART D. A Platform with Six Degrees of Freedom [J]. Proceedings of the Institution of Mechanical Engineers, 1965, 180(1): 371-386.

[49] HUNT K H. Structural Kinematics of in-Parallel-Actuated Robot-Arms [J]. Journal of Mechanisms, Transmissions, and Automation in Design, 1983, 105(4): 705-712.

[50] WAHL J. Articulated Tool Head: WO 00/25976[P]. 2000-11-05.

[51] CLAVEL R. Delta, a Fast Robot with Parallel Geometry[C]// Proceedings of the 18th International Symposium on Industrial Robots, 1988, Sydney, Australia. New York: Springer-Verlag, 1988: 91-100.

[52] PIERROT F, COMPANY O. H4: A New Family of 4-DOF Parallel Robots [C] // IEEE/ASME International Conference on Advanced Intelligent Mechatronics, September 19-23, 1999, Atlanta, United States. New York: IEEE, 1999: 508-513.

[53] NEUMANN K E. Robot: US4732525[P]. 1988-03-22.

[54] NEUMANN K E. Parallel-Kinematical Machine: US8783127[P], 2005-11-03.

[55] GOSSELIN C M, ST. PIERRE E, GAGNE M. On the Development of the Agile Eye[J]. IEEE Robotics and Automation Magazine, 1996, 3(4): 29-37.

[56] 张启先. 空间机构的分析和综合:上册[M]. 北京:机械工业出版社, 1984: 1-181.

[57] 白师贤. 高等机构学 [M]. 上海:上海科学技术出版社, 1988: 22-78.

[58] 汪劲松, 段广洪, 杨向东, 等. Vamtly 虚拟轴机床 [J]. 制造技术与机床, 1998(2): 45-46.

[59] 王知行, 陈辉, 石勇. 用七轴联动并串联机床加工汽轮机叶片 [J]. 世界制造技术与装备市场, 2002(6): 28-29.

[60] 蔡光起, 胡明, 郭成, 等. 机器人化三腿磨削机床的研制 [J]. 制造技术与机

床，1998(10)：7-9.

[61] 江崇民，王振宇，王哲元. Xnzd2415 型数控龙门并联机床简介 [J]. 机械工程师，2003(2)：53-54.

[62] 赵永生，郑魁敬，李秦川，等. 5-UPS/PRPU 5 自由度并联机床运动学分析 [J]. 机械工程学报，2004(2)：12-16.

[63] GAO F，PENG B，ZHAO H，et al. A Novel 5-DOF Fully Parallel Kinematic Machine Tool [J]. International Journal of Advanced Manufacturing Technology，2006，31(1-2)：201-207.

[64] HUANG T，LI M，ZHAO X M，et al. Conceptual Design and Dimensional Synthesis for a 3-DOF Module of the Trivariant—a Novel 5-DOF Reconfigurable Hybrid Robot [J]. IEEE Transactions on Robotics，2005，21(3)：449-456.

[65] HUANG T，LIU S，MEI J，et al. Optimal Design of a 2-DOF Pick-and-Place Parallel Robot Using Dynamic Performance Indices and Angular Constraints [J]. Mechanism and Machine Theory，2013，70：246-253.

[66] HUANG T，MEI J，LI Z，et al. A Method for Estimating Servomotor Parameters of a Parallel Robot for Rapid Pick-and-Place Operations [J]. Journal of Mechanical Design，Transactions of the ASME，2005，127(4)：596-601.

[67] HUANG Z，FANG Y F. Kinematic Characteristics Analysis of 3-DOF in-Parallel Actuated Pyramid Mechanisms [J]. Mechanism and Machine Theory，1996，31(8)：1009-1018.

[68] 赵铁石. 空间少自由度并联机器人机构分析与综合的理论研究 [D]. 秦皇岛：燕山大学，2000：55-127.

[69] HUANG Z，LI Q. Type Synthesis Principle of Minor-Mobility Parallel Manipulators [J]. Science in China，Series E：Technological Sciences，2002，45(3)：241-248.

[70] 李秦川. 对称少自由度并联机器人型综合理论及新机型综合 [D]. 秦皇岛：燕山大学，2003：38-129.

[71] FANG Y，TSAI L W. Structure Synthesis of a Class of 4-DOF and 5-DOF Parallel Manipulators with Identical Limb Structures[J]. The International

Journal of Robotics Research, 2002, 21(9): 799-810.

[72] HERVE J M, SPARACINO F. Structural Synthesis of 'Parallel' Robots Generating Spatial Translation [C]// Fifth International Conference on Advanced Robotics, June 19-22, 1991, Pisa, Italy. New York: IEEE, 1991: 808-813.

[73] HERVE J M. Structural Analysis of Mechanisms by Set or Displacements [J]. Mechanism and Machine Theory, 1978, 13(4): 437-450.

[74] HERVE J M. Lie Group of Rigid Body Displacements, a Fundamental Tool for Mechanism Design [J]. Mechanism and Machine Theory, 1999, 34(5): 719-730.

[75] RICO J M, CERVANTES-SANCHEZ J J, TADEO-CHAVEZ A, et al. A Comprehensive Theory of Type Synthesis of Fully Parallel Platforms[C]// Proceedings of 2006 ASME International Design Engineering Technical Conferences and Computers and Information in Engineering Conference, September 10-13, 2006, Philadelphia, United States. New York: ASME, 2006: 1-12.

[76] 李秦川，黄真，HERVÉ J M. 少自由度并联机构的位移流形综合理论[J]. 中国科学 E 辑，2004,34(9): 1011-1020.

[77] MENG J, LIU G, LI Z. A Geometric Theory for Analysis and Synthesis of Sub-6 DOF Parallel Manipulators [J]. IEEE Transactions on Robotics, 2007, 23(4): 625-649.

[78] YANG T L, LIU A X, JIN Q, et al. Position and Orientation Characteristic Equation for Topological Design of Robot Mechanisms[J]. Journal of Mechanical Design, Transactions of the ASME, 2009, 131 (2): 0210011-02100117.

[79] 高峰，杨加仑，葛巧德. 并联机器人型综合的 GF 集理论[M]. 北京:科学出版社，2011: 5-65.

[80] GOGU G. Structural Synthesis of Fully-Isotropic Translational Parallel Robots Via Theory of Linear Transformations[J]. European Journal of Mechanics, A/Solids, 2004, 23(6): 1021-1039.

[81] ALIZADE R. Bayram Structural Synthesis of Parallel Manipulators[J].

Mechanism and Machine Theory，2004，39(8)：857-870.

[82] ALIZADE R，SELVI O，GEZGIN E. Structural Design of Parallel Manipulators with General Constraint One [J]. Mechanism and Machine Theory，2010，45(1)：1-14.

[83] DAI J S，REES JONES J. Mobility in Metamorphic Mechanisms of Foldable/Erectable Kinds [J]. Journal of Mechanical Design，Transactions of the ASME，1999，121(3)：375-382.

[84] LI D，DAI J S，ZHANG Q，et al. Structure Synthesis of Metamorphic Mechanisms Based on the Configuration Transformations [J]. Jixie Gongcheng Xuebao/Chinese Journal of Mechanical Engineering，2002，38(7)：12-16.

[85] LI S，DAI J S. Structure Synthesis of Single-Driven Metamorphic Mechanisms Based on the Augmented Assur Groups [J]. Journal of Mechanisms and Robotics，2012，4(3)：0310041-03100410.

[86] ZENG Q，FANG Y. Algorithm for Topological Design of Multi-Loop Hybrid Mechanisms via Logical Proposition [J]. Robotica，2011，30(4)：599-612.

[87] ZENG Q，FANG Y，EHMANN K F. Topological Structural Synthesis of 4-DOF Serial-Parallel Hybrid Mechanisms [J]. Journal of Mechanical Design，2011，133(9)：0910081-0910089.

[88] 曾强. 具有串并混联形式与变自由度特性的空间多环机构的拓扑设计方法[D]. 北京：北京交通大学，2012：81-133.

[89] WEI G，CHEN Y，DAI J S. Synthesis，Mobility，and Multifurcation of Deployable Polyhedral Mechanisms with Radially Reciprocating Motion [J]. Journal of Mechanical Design，Transactions of the ASME，2014，136(9)：0910031-09100312.

[90] TSAI L W，JOSHI S. Kinematics and Optimization of a Spatial 3-UPU Parallel Manipulator [J]. Journal of Mechanical Design，1999，122(4)：439-446.

[91] LIU X J，BONEV I A. Orientation Capability，Error Analysis，and Dimensional Optimization of Two Articulated Tool Heads with Parallel Kinematics

[J]. Journal of Manufacturing Science and Engineering, Transactions of the ASME, 2008, 130(1): 0110151-0110159.

[92] LI Q, HERVE J M. 1t2r Parallel Mechanisms without Parasitic Motion [J]. IEEE Transactions on Robotics, 2010, 26(3): 401-410.

[93] 李秦川，黄真. 基于位移子群分析的3自由度移动并联机构型综合[J]. 机械工程学报，2003(6): 18-21.

[94] 杨廷力，金琼，刘安心，等. 基于单开链单元的三平移并联机器人机构型综合及其分类 [J]. 机械工程学报，2002(8): 31-36.

[95] KONG X, GOSSELIN C M. Type Synthesis of 3-DOF Translational Parallel Manipulators Based on Screw Theory [J]. Journal of Mechanical Design, Transactions of the ASME, 2004, 126(1): 83-92.

[96] KONG X, GOSSELIN C M. Type Synthesis of Three-Degree-of-Freedom Spherical Parallel Manipulators [J]. International Journal of Robotics Research, 2004, 23(3): 237-245.

[97] KONG X, GOSSELIN C M. Type Synthesis of 3-DOF PPR-Equivalent Parallel Manipulators Based on Screw Theory and the Concept of Virtual Chain [J]. Journal of Mechanical Design, Transactions of the ASME, 2005, 127 (6): 1113-1121.

[98] FANG Y, TSAI L W. Structure Synthesis of a Class of 3-DOF Rotational Parallel Manipulators [J]. IEEE Transactions on Robotics and Automation, 2004, 20(1): 117-121.

[99] KONG X, GOSSELIN C M. Type Synthesis of 3t1r 4-DOF Parallel Manipulators Based on Screw Theory [J]. IEEE Transactions on Robotics and Automation, 2004, 20(2): 181-190.

[100] KONG X, GOSSELIN C M. Type Synthesis of 4-DOF Sp-Equivalent Parallel Manipulators: A Virtual Chain Approach [J]. Mechanism and Machine Theory, 2006, 41(11): 1306-1319.

[101] 金琼，杨廷力，刘安心，等. 基于单开链单元的三平移一转动并联机器人机构型综合及分类[J]. 中国机械工程，2001(9): 78-83.

[102] GUO S, FANG Y, QU H. Type Synthesis of 4-DOF Nonoverconstrained Parallel Mechanisms Based on Screw Theory [J]. Robotica, 2012, 30(1):

31-37.

[103] ZHU S J, HUANG Z. Eighteen Fully Symmetrical 5-DOF 3R2T Parallel Manipulators with Better Actuating Modes [J]. International Journal of Advanced Manufacturing Technology, 2007, 34(3-4): 406-412.

[104] CHUNG J, CHA H J, YI B J, et al. Implementation of a 4-DOF Parallel Mechanism as a Needle Insertion Device[C]// IEEE International Conference on Robotics and Automation, May 3-7, 2010, Anchorage, United States. New York: IEEE, 2010: 662-668.

[105] LI T, PAYANDEH S. Design of Spherical Parallel Mechanisms for Application to Laparoscopic Surgery [J]. Robotica, 2002, 20(2): 133-138.

[106] PICCIN O, BAYLE B, MAURIN B, et al. Kinematic Modeling of a 5-DOF Parallel Mechanism for Semi-Spherical Workspace [J]. Mechanism and Machine Theory, 2009, 44(8): 1485-1496.

[107] DANGO, DIENENTHAL M. Schmiedemanipulator. DE: DE20108277 [P]. 2001-05-17.

[108] HOBERMAN C. Folding Covering Panels for Expanding Structures. US: US6834465[P]. 2002-11-25.

[109] LALIBERTE T, GOSSELIN C M. Polyhedra with Articulated Faces [C]// 12th IFToMM World Congress, June 18-21, 2007, Besancon, France. Amsterdam: Elsevier, 2007:18-21.